写给孩子的科普丛书

真好奇，宇宙

〔韩〕柳允汉 著 〔韩〕裴重烈 绘 孟阳 译

山东人民出版社·济南

国家一级出版社 全国百佳图书出版单位

目录

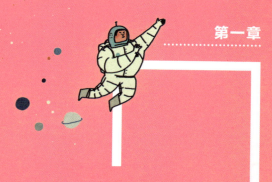

古人眼中的世界

想象中的宇宙

很久很久之前，人们认为是神创造了世界。然而究竟是什么神、用什么方式创造的世界，各地有着不同的传说。

非洲人认为神先是创造了天空和海洋，然后创造了大地。为了不让大地被海水冲走，神让一条巨蛇把大地支撑起来。巨蛇偶尔会动弹，这时地震便发生了。

俄罗斯信奉于尔根神的鞑靼族人认为，是神创造了大地，并将大地放到了大鱼背上。

印度人认为，神创造的土地先是放在四头大象身上，而这些大象由一只乌龟驮着。乌龟的下面，是蛇撑起了所有的一切。

居住在日本北部地区的阿依努族认为，神用泥土创造了大地，并把大地放在了大鱼背上。

这些创世传说与人类赖以生存的土地息息相关。然而，关于天的传说却鲜有流传下来的，大概是因为人们相信只有神才能住在天上吧。

神创造了宇宙

虽然关于天的传说较少，但并不是说古人对天毫无兴趣。古人认为天和地连在一起，形成了巨大的宇宙。也有很多人相信，是神的身体将天地相连，才有了整个世界。

远古时期的中国人相信，很久很久以前，宇宙混沌一片，像一个鸡蛋。有一位叫盘古的巨人在"鸡蛋"里沉睡了一万八千年。一天，他从沉睡中醒来，抡起斧子劈开"鸡蛋"，从里面走了出来。"鸡蛋"里的空气也随之跑了出来。清新的空气上升变成了天空，浑浊的空气下降变成了大地。不久之后，盘古去世。他呼出的气息变成了风和云，双眼变成了太阳和月亮，血液变成了江河，皮肤和毛发变成了森林，牙齿和骨头变成了金属和石头。

在北欧，一个与盘古开天辟地类似的神话也一直流传着。在宇宙诞生之初，世界上只有火柱和冰块，它们各自占据了半壁天下。在火

柱和冰块相接的缝隙中，冰受热开始慢慢融化。融化的冰面上出现了巨人和母牛。后来，喝牛乳的巨人死了。他的头盖骨变成了天空，身体变成了大地，血液变成了湖海，头发变成了森林。

从混沌中诞生的宇宙

并不是所有的古人都相信，是神亲自创造了世界。古希腊人就认为，宇宙诞生之初，只有黑暗和混乱，并将这种混沌状态叫作"卡俄斯"。在希腊神话中，大地女神盖娅就是在混沌状态中诞生的。之后，从盖娅的指端诞生了天神乌拉诺斯，世界便从此开始。"卡俄斯"的本意是张开嘴巴形成的裂缝。无论嘴巴张得多大，里面都是漆黑一片，什么也看不清。"卡俄斯"指的就是这种黑暗和混沌状态。然而，在这样的混沌之中，一位神明说了一句话，便有了世界。这位神明便是以色列民族信仰的神——耶和华。耶和华说："要有光！"于是亮光出现，区分开白天与夜晚，世人有了昼夜分明的第一天。耶和华的特别之处在于，他先创造了时间，然后才开辟了大地和天空。

希腊哲学家眼中的宇宙

比起谁创造了宇宙，古人更好奇宇宙是由什么构成的。古希腊的一些哲学家就是这样的人。他们认为，所有的事情有果必有因，因此想要探索宇宙诞生的整个过程。

但是那个时候既没有望远镜，也没有显微镜，所以人们很难深入地了解世界，只能用肉眼仔细观察并以此做出推测。一部分哲学家主张，世界诞生于自然中最常见的事物。

公元前7世纪，泰勒斯提出，万物源于水。他认为无论什么东西，分解到最后都会变成水，并认为人类生活的大地也像岛屿一样漂浮在宽阔的水面上。

泰勒斯

据说，哲学家克塞诺芬尼是希腊第一个制作出日晷的人。他发现，日出日落并不是神的旨意，而是一种有规律的自然现象。因此他认为，相信神创造了世界的人是愚蠢的。在希腊神话中，世界是众神经过相互残杀最终产生的。而克塞诺芬尼认为世界是按照规则运行的，世界不可能像神话中传说的那样，以一种混乱的方式产生。他经过长期的思索认为，世界上的一切都是从土里来，最终又到土里去。

哲学家阿那克西米尼则认为，气是万物之源。他还认为，散布在宇宙中的空气如果变热变淡，就会变成火；如果变冷变深，就会变成云、水和土。他还相信，地球是扁平的，而且是飘浮在空气中的。

创造宇宙的力量

古希腊哲学家们的认知有相似之处，他们大部分都认为火、土、气、水是万物之源。还有哲学家认为，这四种物质合起来便有了世界。哲学家恩培多克勒认为，火、土、气、水四种物质的合并和分离是由

"爱"和"恨"这两种力量造成的。四种物质受到"爱""恨"两种力量的相互作用产生合并或分离，最终形成了世间万物。

后来，人们不仅对世界的构成产生了好奇，而且对主宰世界的神秘力量也充满兴趣。赫拉克利特认为，世间万物源于燃烧的火焰，然后不断地发展演化。燃烧的力量强，就会产生气、风和土；燃烧的力量弱，就会产生水。相对于可以看到的火焰，火焰燃烧背后的神秘力量更为重要。

当然，也有哲学家相信，创造世界的力量只有神才能拥有，比如柏拉图和他的弟子亚里士多德。他们认为，神用土、水、火、气创造了地球，并把地球放在了宇宙中心。亚里士多德认为，宇宙像洋葱一样，是分层的，而地球正在宇宙的中心。宇宙最外面的一层是恒星①，中心是地球，而行星②则散落在最外层和地球中间。

亚里士多德的理论对后世产生了很大的影响。根据他的理论，很久以来，西方人一直相信行星是围绕着地球旋转的。

---

① 静止不动的发光球体。——原书注
② 自身不发光，环绕着恒星的天体。——原书注

亚里士多德的洋葱宇宙结构论

从观测到科学

公元100年左右，托勒密出生在亚历山大城。《天文学大成》是他最重要的著作。这本书记录了托勒密之前的天文学理论和天文观测结果。书籍共有13卷，记录了约1020个恒星的位置，并对49个星座做了介绍。

在托勒密之前，有许多人写过有关宇宙的书籍，而托勒密的记述最为详细。他的系统化的天文学理论是建立在大量的观测结果之上的，这一点无人可以超越。因此，托勒密可以称得上是人类最早的宇宙科学家和天文学家。

托勒密在制造观测仪器方面也很出色，他用自己制造的观测仪器发现了很多自然现象。比如，他发现月球的运动速度并不完全相同。月球围绕地球做圆周运动的时候，它和地球的间距并非总是一样的。有的时候月球离地球很近，有的时候却很远。月亮接近地球，运动速度变快；远离地球，速度则变慢。

托勒密还发现，光不能笔直地通

托勒密

过其他物质。当光线射入空气或水中时，会在交界处发生偏折，就像弯曲的胳膊肘一样。在一只透明的装有水的杯子里放入一根筷子便可以确认这一事实。

不仅如此，托勒密还推测，太阳系的六大天体以地球为中心，按照水星、金星、太阳、火星、木星、土星的顺序由近而远地排列。从现代科学的观点来看，太阳系是以太阳为中心的，地球是太阳系中由内及外的第三大行星。虽然托勒密没有搞清地球围绕太阳公转这一事实，但是他推测的太阳系中行星之间的相对位置是准确无疑的。

地球真的在宇宙中心吗？

和亚里士多德一样，托勒密同样认为，太阳和月球等天体都是围绕着地球旋转的。他甚至认为，扔到天上的所有东西最终都会落到地上，因为地球是宇宙的中心。他的理论被称之为"地心说"或"天动说"，认为地球在宇宙的中心，其他天体围绕着地球旋转。

地心说从诞生到16世纪的1000多年间，未曾受到人们过多的质疑。这一时期的西方，一直受到基督教的影响。基督教徒认为，地球必须是宇宙的中心，因为伟大的造物主上帝创造的人类就生活在地球上。基督教徒会惩罚那些对地心说持不同主张的人，甚至对异见者处以死刑。因此，即便有人怀疑地心说，也决不敢公开发表意见。

17世纪，望远镜发明之后，人们能够更好地观察宇宙，发现了之前肉眼看不到的许多东西。这时的人们才领悟到，宇宙的许多现象无法用地心说做出解释。其实在望远镜发明之前，地心说便已经受到人们的怀疑，因为根据地心说制作的日历并不准确。日历上的日期和实际季节交替的日期相差了10多天。

科学家眼中的宇宙

地心说认为，地球是宇宙的中心。古希腊的大多数哲学家们曾坚定不移地相信这一学说，并不断推动它发展成为一套理论体系。地心说得到了基督教的支持，并主导了西方约1400多年，然而它并不是真正的科学。

确立任何一个科学理论都需要大量的观测数据作为后盾，通过观测资料得出的结论同样需要大量的实验来验证。

观测和实验是极其枯燥的过程，然而科学家们却对这些工作甘之如饴，就像为了获得金牌，参加奥运会的选手日复一日刻苦地训练一样。

世界上的伟大发明和重大发现，不是几个小时的实验或者观测就可以完成的。这通常需要几年或者几十年坚持不懈的努力。然而主张地心说的人们却没有付出这样的心血。在没有望远镜的时代，人们无法进行准确的观测和实验，而是仅靠肉眼观察去想象整个宇宙。也许他们是想要描绘出与自己的信仰和哲学相符的宇宙吧。尽管从科学家的角度看很不可思议，但在那个时代，人们确实很难做更深入的研究。

从怀疑出发的哥白尼

怀疑是科学探索的起点。即便绝大多数人都认为理所应当，仍会有人不断提出疑问。这些人就是科学家。有一位科学家，敢于对人们千年以来坚信的"事实"提出疑问，并以新的学说成为人类历史长河中的璀璨明星，他便是波兰神父哥白尼。

哥白尼

哥白尼出生于1473年，青年时期到意大利求学。在意大利，他阅读了古希腊20位哲学家的著作。在学习地心说的过程中，他读到一本给他认知上带来巨大冲击的图书。书里居然写着，包括地球在内的所有行星，都围绕着太阳旋转。

在掌握了更多的科学知识之后，哥白尼更加确信"日心说"是正确的。"日心说"又称"地动说"。当时的日历和实际的季节交替不同，这给人们造成了很大的不便。哥白尼按照日心说重新计算日期后惊奇地发现，以日心说计算出的日历比现有的日历准确度更高。而且他还发现，日心说也可以解释观测到的许多神奇的天文现象。

通过经年累月的观测，哥白尼认为，地球是围着太阳旋转的，并将这一主张记录在他的著作《天体运行论》一书中。哥白尼曾是天主教的神父，因为担心受到罗马教廷的处罚，直到自己离世前才决定将《天体运行论》出版。当时的罗马教廷主张上帝创造了地球，教导世人地球是宇宙的中心，太阳和其他行星都围绕着地球旋转。因此，哥白尼的主张就受到了其他神父的批判，神父们说他是"企图通过证明日心说而成名的占星术士"。受到批判的哥白尼只有更加小心，直至自己即将离世，才决定将书籍出版。

日心说的发表掀起了一场变革，被后人称之为"哥白尼革命"，因为他的主张完全推翻了统治人们千年的地心说思想。

肉眼作出的伟大观测

哥白尼提出的日心说引起了轩然大波，但依然有很多人相信太阳在围绕地球旋转。原因之一可能是哥白尼的观点在发表之后，并没有进一步的观测结果来验证他的理论。

丹麦的天文学家第谷·布拉赫就反对哥白尼的学说。他夜观星辰，下定决心证明地球是宇宙的中心。虽然当时还没有发明望远镜，但第谷的视力非常好，在昏暗的夜晚，即便是很远的距离，他也能识别人。他利用这一天生的优势，毕生致力于观测宇宙。

在国王的帮助下，第谷建立了先进的天文台。在那里，他发现了一颗新的星星，并对这颗星星的明暗变化做了详细的记录。这颗星星便是如今超新星中的一颗。超新星爆发时极其明亮，之后便会渐渐消失。

第谷·布拉赫

布拉赫还成功地观测到了人们畏惧的彗星。如果彗星突然出现，点亮夜空，人们便会胆战心惊。彗星带着长长的尾巴，在漆黑的夜空中剧烈地燃烧，而后消失。人们认为这是不吉利的象征。人们相信，如果彗星坠落，便意味着伟人离世或者将有让无数人死伤的战乱发生。

然而第谷发现，人们害怕的彗星只是一个围绕太阳旋转的普通天体。彗星在黑夜中出现又消失，但它并不是一颗预知不幸的奇异的星星。它和其他行星一样围绕太阳旋转。当彗星靠近地球时，便会短暂地出现在人们面前。第谷发现，与金星和火星相比，彗星的体积要比它们小得多。

虽然第谷通过观测还发现了很多的天文现象，却始终没能找到证明地球是宇宙中心的证据。即便如此，第谷依然不遗余力地想证明太阳围绕着地球旋转。然而，这本来就是一个错误的认知，又怎么能够得到科学的证明呢？

如果得不到自己想要的结果，有些科学家就会通过伪造观测和实验的结果欺骗世人，以此来成就自己的名声。虽然第谷将自己的一生都奉献给了天文观测事业，最终也没能得到想要的结果，但是他并没有撒谎。直到离世的那一刻，他依然相信能够找到证明地球是宇宙中心的证据，并将此重任托付给了他的学生约翰尼斯·开普勒。

开普勒三大定律

德国天文学家开普勒出生在一个贫穷的家庭。他从小身体虚弱，童年遭遇了很多的不幸。比起别人，对于想知道的事情，开普勒多了一份打破砂锅问到底的执着精神。他年轻时就支持哥白尼的日心说，只是没有证明自己想法的观测资料和实验证据，因此决心在老师的指导下努力钻研。

开普勒

开普勒28岁时求学拜师，成为第谷·布拉赫的弟子。听说第谷擅长天文观测，开普勒认为自己可以从他那里学到很多知识。然而他从师不久，第谷便生病去世了。第谷将毕生的研究资料交给了开普勒，希望他能证明地球是宇宙的中心。

第谷去世后的20多年间，开普勒反复地研究了老师留下的资料。仅对火星运行的轨道就计算了70多遍。最终，他推算出了火星沿椭圆形轨道围绕太阳旋转，并推算出包括地球在内的所有行星都是沿着各自大小不一的椭圆形轨道围绕太阳旋转的。

那时的人们依然相信，地球是宇宙的中心，太阳和其他行星沿圆形轨道围绕地球旋转。然而开普勒发现了推翻这一常识的惊人事实，并将自己的发现整理为三大定律。

第一定律又称椭圆定律，即所有行星围绕太阳旋转的轨道都是椭圆形的。

第二定律又称面积定律，即行星和太阳的连线在相等的时间间隔内扫过的面积相等。

第三定律又称调和定律，即行星离太阳越远，公转轨道的半径越长，绕太阳一周的时间就越长。

开普勒的三大定律揭开了行星运动的奥秘。60多年后，牛顿以此为基础发现了惊人的科学现象。

地球仍然在转动

1564年出生于意大利的伽利略是与开普勒同一时期的科学家，他和开普勒一样都是精通数学的天文学家。他以系统的实验和观察来研究科学，致力于用数学公式解释实验的结果。伽利略大概是最早将科学实验和数学结合起来的科学家，因此人们称伽利略为"现代科学之父"。

伽利略

伽利略曾登上比萨斜塔，留下了著名的自由落体实验。有人说他将石头和羽毛同时抛下，有人说他抛下的是大铁球和小铁球，还有人说这个实验只有在真空状态下才能实现，这不过是他头脑中的"思想实验"。不管实验的具体细节如何，伽利略提出，地球上的物体都受到地球吸引力的作用，这种力便是"重力"。重力使得地球上的所有物体都以相同的速度坠落。

伽利略认为，当作用在物体上的外力为零时，所有物体都会保持其运动状态不变。运动的物体会始终保持匀速直线运动状态，静止的物体则会始终保持静止状态，这便是"惯性"。如果飞驰的汽车突然急刹车，坐在车里的人就会向前倾倒，这就是惯性的作用。小到地球上的物体，大到整个宇宙空间，重力和惯性对所有物体的运动都产生了重要影响。

像第谷一样，伽利略也具有特别优异的观测能力。他发明了清晰度更高的望远镜，将放大倍率提高到30倍以上，并借此探究了许多宇宙奥秘。他对金星的研究尤其受到世人瞩目。他发现金星和月亮一样会有阴晴圆缺，并随之发生大小的变化，这一发现成为推测金星围绕太阳旋转的证据。伽利略所处的时代，仍有很多人相信太阳系的行星围绕地球旋转。伽利略经过多次观测得出结论，地球并不是宇宙的中心，而只是一颗围绕太阳旋转的行星。

后来，伽利略出版了《关于两种世界体系的对话》一书，书中证明了哥白尼的日心说。然而，罗马教廷认为这本书中的内容与《圣经》相悖，并逼迫伽利略接受宗教裁判所的审判。

在此之前，意大利科学家布鲁诺因为支持日心说被处以死刑。受此影响的伽利略内心也充满恐惧。法庭上，众人虎视眈眈地瞪着他，伽利略不得已认罪，表示日心说是错误的，地心说才是正确的。伽利略这样做，也许是因为他没有勇气在法庭上继续主张日心说，也许是因为他还有很多想做的研究，不想像布鲁诺一样被烧成灰烬。

伽利略侥幸免于死刑，但被判终身监禁。他走出法庭时，小声地说了句："地球仍然在转动。"这句话不管是真的出自伽利略之口，还是源自后人的演绎或传说，都成为科学挑战宗教权威的名言。

宇宙中的力

开普勒和伽利略使人们意识到宇宙万物都是运动的。人们终于明白，远到夜空中闪烁的星星，近到身边滚过的石子，所有物体都受到外力的作用。

开普勒和伽利略都支持日心说，且在不同的领域作出了贡献。开普勒发现了太阳和行星的运动轨迹，伽利略发现了力是改变物体运动状态的原因。其实这两点有着不可分割的关系，因为恒星和行星都是在宇宙空间中运动的天体。而看透了这一事实并揭示宇宙万物都在运动的就是牛顿。

站在巨人肩膀上的巨人

伽利略离世的第二年，牛顿出生于英国一个普通的家庭。他出生之前，父亲就去世了，母亲再婚后也离开了他。他是由外婆一手养大的。小时候的牛顿就喜欢独自一人观察自然，并时不时地陷入思考。

后来牛顿的继父去世，母亲回到他的身边，让他中断学业回家务农。然而喜欢学习的牛顿经常沉浸在书的海洋中，连羊群跑了都不知道。学校的老师找到牛顿的母亲，希望她能让牛顿继续上学。

牛顿终于回到了学校。经过刻苦的学习，他最终考取了剑桥大学。26岁时，牛顿就以出色的成绩证明了自己，成为剑桥大学的教授。

牛顿是一位计算能力高超的数学家，创立微积分的人便是他。他将自己发现的运动原理都整理成了数学公式。在牛顿逝世300多年后的今天，工业现场依然是按照他的公式进行设计施工的。

牛顿在光学上也有着显著成就。他设计发明的望远镜的性能远超伽利略的望远镜。他将反射镜安装在望远镜中，提高了物体放大倍数，使得观测到的物

牛　顿

第一章　古人眼中的世界

体更加清晰。

与牛顿处在同一时代的人们，一直认为光只有一种颜色。牛顿通过实验证明光有七种颜色，并详细记录了每种颜色的不同特点。从物体运动到光的性质，牛顿的发现为宇宙物理学的发展奠定了基础。

牛顿对人类的贡献如此巨大，但他本人却很谦虚。他对敬仰他的人们说道："如果说我比别人看得更远些，那是因为我站在了巨人的肩上。"

牛顿所说的巨人便是伽利略。正因为有了伽利略的研究，自己的研究才得以进一步发展。可以说，牛顿是站在巨人肩膀上的另一位巨人。

发展经典物理学

物体所受到的来自地球的吸引力叫作重力。伽利略主张，若将物体从高处抛下，物体会受到重力的作用而掉到地上。重力又被称为万有引力，不仅地球对物体有吸引力，而且宇宙中任何物体之间都有吸引力。认为宇宙整体存在着相互引力的代表人物便是牛顿。

牛顿曾经产生过这样的疑问："月球围绕地球旋转，是因为月球被

地球的重力所吸引吗？月球没有重力吗？地球不会受到月球重力的影响吗？"

牛顿通过仔细观察后发现，有些自然现象的发生是因为受到月球重力的作用。靠近月球那一面的海水水位会随着月球重力的增加而升高，我们光着脚玩耍的沙滩就会被涌来的海水淹没。这便是一日两次的涨潮。同理，背离月球那一面的海水水位会随着月球重力的减少而降低，便形成了落潮。

牛顿下决心要搞清楚重力对包括地球在内的太阳系整体有着怎样的影响。为此他发明了新型望远镜，用来观察太阳和行星的运动轨迹，并且用数学公式完美地证明了开普勒三大定律的正确性。在探索过程中，牛顿还发明了微积分。

如牛顿所言，太阳和行星之间具有相互的吸引力，因此开普勒的三大定律是成立的。

当然，除了万有引力，在宇宙中还存在电磁力、核力等其他的力。万有引力和其他力相互作用，使物体保持静止或运动状态。牛顿根据计算得出，两个物体的质量①越大，距离越近，它们之间的万有引力

---

① 质量指的不是重量。重量是物体受重力的大小的度量，质量是物体本身所具有的一种物理属性。在重力小的月球上，我们的体重只有地球上体重的六分之一，但质量不会随重力的改变而改变。——原书注

就越大。这便是著名的"万有引力定律"。

但是牛顿始终没有找到太阳和行星之间存在万有引力的原因。在牛顿离世的几百年后，这个问题终于由爱因斯坦做出了解答。爱因斯坦发现了宇宙万物间存在引力的秘密，揭开了浩瀚宇宙的神秘面纱。

牛顿运动定律

| 牛顿第一运动定律 | **惯性定律**

　　任何物体都会保持原来的状态，直到外力迫使它改变运动状态为止，这种性质称为惯性。如果疾驰的公交车被急刹车，抓着把手的乘客身体会前倾。虽然公交车停下了，但是乘客依然保持前倾的状态。

|牛顿第二运动定律|加速度定律

向物体施加外力时，物体会顺着作用力的方向加快运动速度，在一定时间内速度的变化量被称之为加速度。给定的物体，受到的合外力越大，加速度越大；在给定的合外力作用下，物体质量越大，加速度越小。一阵风吹来，体积大小完全相同的棒球和铁球一起滚动，棒球比铁球滚得更远。这正是因为在受到同等大小的合外力时，物体质量越大，加速度越小。

|牛顿第三运动定律|作用力与反作用力定律

向物体施加外力时，物体一定会产生一个大小相同、方向相反的反作用力。江上乘舟，滑动船桨，小舟便会前进。挂在小舟上的船桨给了江水向后的作用力，江水便给了小舟向前的反作用力。

改变世界的力量

偷看宇宙秘密的孩子

　　1879年，一个小男孩出生在德国乌尔姆市的一个犹太人家庭。母亲见儿子有一个很大的后脑勺，而且还特别突出，就非常担心他的健康状况。此外，小男孩直到3岁都不怎么会说话，这使得母亲更加担心，于是就带着他去看医生。幸好医生诊断说，孩子并无大碍。这位发育迟缓、让母亲操心劳神的孩子便是创立相对论的著名科学家——阿尔伯特·爱因斯坦。

指南针的力量

　　爱因斯坦5岁时，父亲送给他一个指南针当作礼物。爱因斯坦觉得指南针非常神奇，因为无论它放在哪里，红色指针都始终指向北方。指针竟然不需要人转动就能自己找到方向。爱因斯坦认为，这是看不到的力在牵引着指针。他想知道究竟是什么力量给指针施了魔法。这份好奇心成为他日后发现支配宇宙力量的基石。

　　爱因斯坦的父亲和叔叔既是科学家，也是商人，因此他小时候就在父亲运营的电器工厂里见到了正在运转着的发电机和蒸汽机。看到电能和机械能转化为光能和热能的过程，对小爱因斯坦来说是特别珍贵的学习机会。

爱因斯坦

　　16岁的爱因斯坦已经非常熟练地掌握了学校的数学课内容，甚至能在平时喜欢的小提琴曲中发现像数学计算一样的逻辑结构。他最喜欢的曲子是莫扎特的《E小调第二十一号小提琴奏鸣曲》，小提琴演奏也是他生平最大的爱好。

　　爱因斯坦虽然精通数学和科学，却

难以适应学校生活，上大学时他曾被教授批评为"非常懒惰的学生"。高中时他转学到慕尼黑的路易波尔德高级中学后，没有拿到毕业证就辍学了。他讨厌只要求死记硬背的学校教育。此外，由于父亲事业上的需要，爱因斯坦一家移居到了意大利。也可能是因为思念远在意大利的家人，爱因斯坦更加不想独自留在慕尼黑完成学业。

爱因斯坦从路易波尔德高级中学辍学后，以自学的方式准备了苏黎世联邦理工学院的入学考试，最终因为文科成绩太差而遗憾落榜。当时担任入学考官的教授留意到了爱因斯坦出色的数学能力，将他推荐给了一所高中，劝他再读一年，以好好地弥补自己的薄弱学科。

爱因斯坦来到瑞士阿劳的州立中学。他非常喜欢那里的生活。阿劳州立中学不像他在德国待过的学校那样严肃死板，而且非常重视数学教育。爱因斯坦在那里自由地学习，生出了"物体达到光速会怎么样"的疑惑，第一次萌生了与相对论有关的思想。第二年，爱因斯坦如愿以偿地考取了苏黎世联邦理工学院，他终于可以尽情学习自己喜欢的知识了。

思想实验的开拓者

创立相对论后，爱因斯坦名声大震。经常有人问他："如何才能成为一位出色的物理学家？"

爱因斯坦答道："一般成年人从不为时间和空间的问题操心，他们认为只有小孩子才会想这些事情。但我的发育迟缓，直到长大之后才开始对时间和空间感到好奇。所以我对这个问题的思考要比别的孩子深入一些。"

正如爱因斯坦所说，他喜欢深入思考，尤其喜欢在脑海中反复琢磨并想象时间和空间等看不到的东西。如果想将想法发展成理论，还需要经过复杂的数学计算过程。

首先假设存在某种事实，在脑海中使用想象力进行实验，并得出结果，这就是"思想实验"。简单说，就是用脑子做实验。思想实验是在现实中无法做到的实验，在理论允许的范围内，人们通过想象得出重要结论。

虽然爱因斯坦从未离开过地球进入宇宙深处，但他通过思想实验并用数学计算证明了引力会导致空间扭曲，继而导致时间流逝的速度变慢。爱因斯坦开辟了通过数学公式推测宇宙空间的新天地，数学可以揭示宇宙是何时、又是如何诞生的。

"捕捉"时间的天才

在爱因斯坦的思想实验中，最大的实验是有关火车的。他年轻时候经常往返于德国、意大利和瑞士，火车便成了他最好的观察对象。

爱因斯坦想象自己站在一辆一侧由玻璃制成的火车面前，可以清楚地看到车里的情况。假设火车里有一位少年，少年从座位上站起来，将手里的棒球扔到地上。在少年眼中棒球垂直掉到了地上，但是爱因斯坦在火车外面看到了怎样的景象呢？他所看到的景象与少年看到的有所不同。

不同的观察位置

　　虽然我们很难看清瞬间发生的事情，但经过大脑想象，便可以详细勾勒出很难看清的细小变化。在这样的情况下，思想实验比实际的实验操作更加有效。

　　爱因斯坦看到的棒球并没有垂直掉到地上。虽然棒球确实掉在了少年看到的位置，但爱因斯坦看到棒球沿着火车前进的方向画了一道抛物线后落地，这是因为火车一直前进的缘故。

　　对于乘火车的少年来说，火车车厢地面始终是静止的。这是为什么呢？想象一下我们正在一辆行驶的公交车上。虽然公交车在前进，但我们看到的车厢地板却始终保持静止状态。这是因为在车里的我们和公交车一起，以相同的速度往同一方向运动。

　　然而爱因斯坦在火车外面看到了火车乘客看不到的景象。火车车厢地板随着行驶的

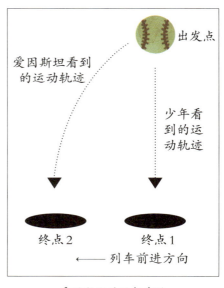

爱因斯坦的思想实验

火车一起向前运动。爱因斯坦站在车外，从看到火车里的少年把球扔到地上这一动作开始，直到球接触到地板的瞬间为止，火车又向前行驶了一段距离。

请仔细看一下上图，乘坐火车的少年看到棒球从出发点直线坠落到终点1，然而爱因斯坦看到棒球从出发点沿抛物线坠落到终点2。虽然在火车车厢地板上终点1和终点2是相同的，但是下落的过程看起来不一样。也就是说，即使出发点和终点都相同，在不同的观察位置上看到的运动过程也会不同。

不同的时间流速

无论在宇宙中的哪个位置进行观察，光速始终都是每秒30万公里。在前面提到的爱因斯坦思想实验中，假设少年手里拿的是手电筒而不是球。从少年打开手电筒这一动作开始，到光照射到车厢地板的瞬间为止，假设这个过程有1秒。（实际上光速更快，为了方便计算，假设时间为1秒。）爱因斯坦看到的光并不是垂直照射到地上的，而是向斜前方照射的，因为在这段时间火车是前进的。那么，爱因斯坦看到的光线比少年看到的更长，而且他看到的光线射到车厢地板上所需的时间比1秒更长。虽然两人共同经历了从手电筒打开到光线落地这一过程，但他们所用的时间并不同，爱因斯坦比少年多经历了一点时间。

即使人们经历同一件事情，如果观察的位置不同，所需的时间也会不同。最终爱因斯坦得出结论：越接近光速，时间流逝的速度越慢。然而人们一直认为，时间面前人人平等，因此无法理解这一主张。

假设一个10岁的少年乘坐接近光速的宇宙飞船到外太空旅行。这位少年在外旅行了一年之后，突然有一天想念他在地球上的朋友，于是决定跟朋友们视频通话。你猜结果会怎么样呢？少年大概会大吃一惊。因为自己只不过才长了一岁，而地球上的朋友们已经是20多岁的青年了。对于少年和他的朋友们来说，时间流逝的速度并不相同。

然而很难通过实验证明，静止的人和高速移动的人，其时间流逝的速度不同。以目前的科学水平，人类还很难制造出一艘接近光速的宇宙飞船，更不用说和在这样的宇宙飞船中的人进行视频通话了。但爱因斯坦用数学计算推导出了这一理论，并将其命名为"狭义相对论"。狭义相对论简单来说，就是越接近光速，时间流逝的速度越慢。

扭曲宇宙空间的力量

      爱因斯坦还证明了一项有关时间的理论，即引力越强的物体周围，时间流逝的速度越慢。他认为强大的引力会导致空间扭曲，继而导致

10年后

时间变慢。

　　光线进入扭曲的空间后自身也会被扭曲，然而经过扭曲空间的光和直线射出的光却会同时到达观察者的眼中。按说光通过扭曲的空间后，所经过路径更远，那么，为什么最终会和直线射出的光同时到达呢？这并不是因为光通过扭曲空间时速度更快。无论何时何地，宇宙中的光速始终是个常数。那么只能有一种解释——时间在扭曲的空间中流逝的速度变慢了。

如此看来，能够发现这些人们无法想象也无法理解的秘密，说明爱因斯坦是位真正的天才。宇宙通过时空扭曲来保持光速不变，而爱因斯坦则是看透这一奥秘的第一人。那么在宇宙中生活的我们为什么能保持现在正常的样子呢？是因为在浩瀚无边的宇宙中，我们只是比一粒尘埃还微不足道的存在，所以不能直接感受到那么强大的运动。

爱因斯坦称自己的新发现为"广义相对论"。然而一开始，人们认为这一理论是天方夜谭。虽然爱因斯坦通过数学计算证明了这一理论，但它对于普通人来说还是太难理解了。如果人们能亲眼看见引力导致空间扭曲并且改变时间流逝的速度，也许会更容易相信这一理论吧。

星光扭曲的照片

令人惊奇的是，英国的天文学家爱丁顿完全理解了爱因斯坦的理论。数学计算太过复杂，为了让人们更容易理解，爱丁顿决心通过天文观测的结果来证明相对论。最容易操作的办法便是观察经过太阳周围照射到地球上的星光。如果相对论是正确的，太阳周围的空间便会发生扭曲。太阳是一颗体积庞大的恒星，它对其他物体和周围空间的引力很大。如果这样，从太阳旁边经过的星光也应该被扭曲了吧？正如水通过弯曲的软管流出来时，就像被软管折弯了一样。

爱丁顿

1919年5月29日，爱丁顿来到地处非洲的普林西比岛，耐心地等待日食出现。日食是月亮遮住部分太阳或者全部太阳而产生的景象。在没有日食的日子里，太阳光过于耀眼，以致人们无法观测到太阳周围的景象。日食发生的时候天空变暗，这时就可以看到太阳周围的星光了。就像白天里打开电筒，在太阳光的照射下根本看不到电筒的光亮，而在黑夜中便很容易看清电筒的光线。

爱丁顿拍到的日食照片

爱丁顿利用日食成功拍摄到了太阳附近的星光，星星的位置与之前在夜间拍到的星星

第二章　改变世界的力量

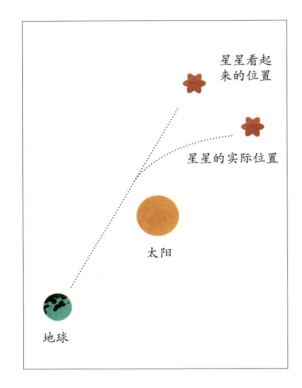

星星看起来的位置

星星的实际位置

太阳

地球

的位置有所不同。正是因为太阳周围的空间被扭曲，星光穿过这一空间时也被扭曲，看起来就像星星在不同的位置一样。爱丁顿的观测结果让很多人开始相信强大的引力会导致空间扭曲，爱因斯坦的"相对论"因此得以闻名于世。

相对论与宇宙

爱因斯坦的相对论为原子弹的发明和原子能的应用提供了理论基础。不仅在科学领域，在众多的产业领域，相对论也得到了应用，给人类的生活带来极大的改变。例如，我们经常使用的智能手机和汽车导航仪，其中的定位功能需要用到从人造卫星那里获取的信息。若想

VS

获取准确的时间信息，就要按照相对论的公式重新计算人造卫星反馈的信息。这是因为，人造卫星在太空中受到的地球引力，要比其在地面受到的地球引力更小，时间流逝的速度也相应变得更快。

相对论一经发表，人们对宇宙现象竟然可以用数学公式进行解释惊讶不已。于是，越来越多的数学家和科学家通过研究相对论的数学公式来进一步地探索宇宙奥秘。可以说，从那时起，系统研究宇宙结构和宇宙年龄的学问——现代宇宙学逐渐形成。

弗里德曼

亚历山大·弗里德曼是俄罗斯的物理学家和数学家。他一直致力于研究相对论。在爱因斯坦相对论的基础上，他创立了弗里德曼方程。而弗里德曼方程的推算再一次让人们感到惊讶。这个方程告诉人们：第一，引力不仅可以扭曲空间，还具有更大的力量；第二，宇宙借助这个力量可以像气球一样膨胀，也可以坍缩成一个点。

爱因斯坦也对弗里德曼的计算结果感到惊讶，无法轻易接受计算结果产生的推论。时间和空间的测量结果也许会存在差异，然而宇宙大小会发生变化这一观点，实在让人匪夷所思。弗里德曼曾对爱因斯坦的一个方程式产生了质疑，同样地，另一位科学家也对爱因斯坦的理论提出了质疑，他就是比利时的神父乔治·勒梅特。他重新推算了爱因斯坦的广义相对论方程，发现宇宙正在逐渐膨胀。

"宇宙膨胀说"如同哥白尼的日心说一样，给人们带来巨大的观念上的冲击。与哥白尼同时代的人们不相信哥白尼的日心说，同样地，二十世纪二三十年代的人们也不相信勒梅特等人的"宇宙膨胀说"，就连创立相对论并且开启现代宇宙学的鼻祖——爱因斯坦也不相信。

第二章　改变世界的力量

相对论和原子弹

在爱因斯坦的相对论中出现了一个非常著名的物理学公式，喜欢科学的朋友们一定有所耳闻。

$$E = mc^2$$

E是能量，m是质量，c是光速。这个方程也被称为质能方程，它主要用来解释核变反应中的质量亏损和计算基本粒子的能量。这个方程中的质量和能量和我们日常生活中理解的物体的质量和能量不一样。

在第二次世界大战中，美国的科学家们发现，如果给予铀原子一定的刺激，其原子核可以分裂为两个较小的碎片，但这两个碎片的质量之和小于原来铀原子核的质量。也就是说，粒子质量发生了亏损。科学家通过质能方程$E = mc^2$计算出了粒子的质量亏损所对应的能量，即核裂变反应释放的能量。由于光速（光的速度大约是30万千米/秒）的平方值，即两个光速的乘积是个巨大的数值，即使粒子的质量再小，其质量亏损所对应的能量也非常巨大。

铀原子还有一个更加令人震惊的特征。当一个铀原子核分裂成两个碎片后，会引起这个铀原子周围的铀原子核也发生裂变反应，最终无数个铀原子核瞬间发生裂变，爆发出巨大的能量。

广岛、长崎原子弹事件

　　美国科学家运用这一原理发明了具有极大威力的原子弹。美国在1945年分别向日本的广岛和长崎投掷了原子弹，此举加速了同盟国最终取得第二次世界大战的胜利，也使得数十万日本人死伤。

广岛、长崎原子弹事件

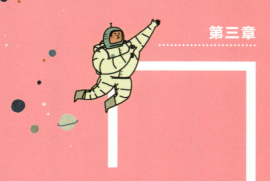

第三章

宇宙最初的面貌

差点儿成为采矿技术员的科学家

1894年，乔治·勒梅特出生于比利时南部的沙勒罗瓦。沙勒罗瓦是一座以钢铁和玻璃制造业闻名的工业城市。

勒梅特的父母是虔诚的天主教教徒，勒梅特10岁时就被父母送到了修道院的学校。勒梅特喜欢数学、物理和化学，他的数学能力在同龄人中尤为出色。但在大学入学时，勒梅特选择了工学专业。那时，父亲的玻璃工厂发生了一场火灾，火灾将工厂的一切都化为了灰烬。因此勒梅特想要进入工科大学，成为技术员赚钱养家。

勒梅特的父亲是一名优秀的技术员，时至今日，依然有很多工厂使用他研发的精工玻璃技术。勒梅特希望能够像自己的父亲一样，成为一名优秀的技术员。那时的矿产业生机勃勃，勒梅特想，如果自己能成为采矿技术员，一定能挣不少钱。

战争改变梦想

1914年，第一次世界大战爆发。德军入侵比利时，年轻人自告奋勇，纷纷报名参战，勒梅特也是其中之一。

在四年的战争岁月里，勒梅特见证了无数人的死亡。面对死亡，他内心充满恐惧，憎恨那些挑起战争的人。帮助他撑过那段痛苦岁月的是坚定的信仰和刻苦的学习。独自一人的时候，勒梅特不是祈祷就是埋头研究数学和物理学，不知不觉中忘记了恐惧和悲伤。

战争结束后，勒梅特回到了学校。这时他改变了自己的梦想，不再想成为一名优秀的技术员。战场上目睹

了太多人的死亡，促使他做出改变。人生只有一次，一定要做自己想做的事情。他决定考取研究生，继续学习自己喜欢的物理学和数学。

　　在炮兵部队时，勒梅特曾惹恼过他的上级。他发现上级错误地计算了炮弹发射的方向和距离，因此直言不讳地指出问题。但上级不仅没有改正自己的错误，反而以挑战长官权威的罪名对勒梅特实施了惩罚。即便这样，勒梅特依然没有屈服。他认为无论是在什么情况下，都应该敢于指出错误。

勒梅特

后来，当勒梅特发现了爱因斯坦理论中的错误时，也没有丝毫的犹豫。即便众人都支持爱因斯坦，并称其为天才，勒梅特仍坚持提出自己的反对意见。

当然了，爱因斯坦也不接受勒梅特的意见。但勒梅特并没有气馁，继续自己的研究，最终发现了揭示宇宙起源的宇宙大爆炸理论。

伟大的老师们

1923年，勒梅特漂洋过海来到英国。虽然当时他已经获得了数学和物理学的博士学位，却依然想追随爱丁顿教授在剑桥大学太阳物理实验室继续学习。爱丁顿是最早支持爱因斯坦相对论的学者之一。正如前文所提到的，爱丁顿观测到太阳周围扭曲的星光，以此证明了相对论，成为当时赫赫有名的人物。

由于爱丁顿非常欣赏勒梅特，尤其是他不断用实践检验理论的学习态度，因此推荐勒梅特去美国哈佛大学继续深造。爱丁顿给曾在一起共事的比利时物理学家顿德尔写了一封信。

"勒梅特是个非常聪明的学生，数学能力出众，日后定是为比利时做贡献的人才，请好好培养他。"

在爱丁顿的推荐下，勒梅特顺利地来到哈佛大学学习，并在拥有世界最先进望远镜的哈佛天文台从事研究工作。

哈佛大学天文台

当时的哈佛天文台的台长是哈罗·沙普利（Harlow Shapley）。沙普利通过观察，在银河系中发现并确认了太阳系的位置。在此之前，

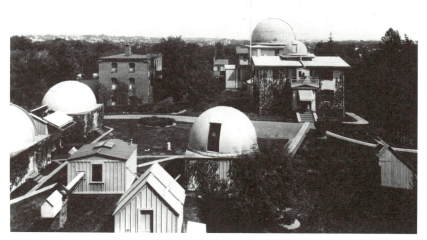

哈佛大学天文台

人们认为银河系和太阳系是不同的星团，而且两者距离很远。沙普利发现这是错误的，其实太阳系位于银河系的边缘。勒梅特来到哈佛后，沙普利建议他研究造父变星。

所谓变星指的是亮度经常变化且不稳定的恒星，其亮度变化有一定的周期。恒星之所以会发光，是由于不断燃烧自己释放出能量，而变星是一颗上了年纪的星，不能够释放持续稳定的能量。有时燃烧不旺盛，星体就好似熄灭了一样，过了一段时间又会再次燃烧。人们认为变星是按照一定周期变化的恒星，并可以利用变星的这一特性确定星团、星系的距离。

膨胀的宇宙

　　勒梅特在哈佛天文台研究变星期间，还发现了许多其他的天文学现象。当时的美国天文学家爱德文·哈勃（Edwin Powell Hubble）也在利用造父变星研究仙女座星系的位置。他观察到，仙女座星系是远离银河系的另一个星系。那时的人们一直相信，银河系便是整个宇宙，哈勃的这一发现令人们大吃一惊。更让人惊奇不已的是，哈勃还认为，其他星系正在以超高速远离银河系。

　　用分光仪仔细分析星光，会发现星光被分成了七种颜色。均匀连续的光谱中会出现间隔不等的黑线，天文学家用这些光谱线确定星体的化学成分。发光天体与观测者的距离越远，发出的光的波长

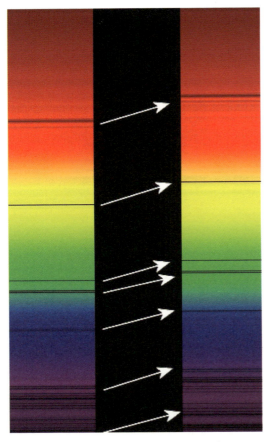

旁边图片的左侧光谱是太阳光，右侧光谱是远离银河系的星光。如同箭头所示，光谱中黑色的吸收光谱偏向波长长（即红色光）的一侧，这便是红移现象。飞驰的救护车发出"嘀嘟嘀嘟"的警笛声，离车越远人们听到的警笛声越小，"嘀嘟嘀嘟"的间隔便会越长。同理，离观察者越远，光能时大时小的间隔越

便会越长。

黑色线向红色方向偏移的红移现象

长。七色光中波长最长的便是红光，因此光越远越接近红色。

经过多次观测，勒梅特认为其他星系正在远离银河系。1925年，为了见到哈勃，勒梅特带着自己观测到的资料来到威尔逊山天文台。在哈勃的指导下，勒梅特研究了很多资料，更加确信了自己

观点的正确性。星系距离银河系越远，星系的视向速度①越快。

气球宇宙

有位物理学家比勒梅特和哈勃更早地预测到了星系相互远离，他便是俄罗斯人弗里德曼。前文中讲到，弗里德曼提出了宇宙正在逐渐膨胀的理论。

弗里德曼拥有出色的数学能力，他仅用计算便证明了这一理论。可惜的是，还没等找到支持理论的观测资料，弗里德曼便离世了。他在论文中写道："宇宙最初是一个密度极高的奇点，逐渐膨胀的同时密度下降。"

为了揭开宇宙奥秘，勒梅特再次依据爱因斯坦的相对论做了数学计算，得到了与弗里德曼相似的结果——宇宙确实正在膨胀。他详细研究了哈勃的观测资料，坚定地认为星系相互远离的原因便是宇宙膨胀。

为了便于理解勒梅特的主张，我们可以把宇宙想象成一个气球，气球上画着许多点。将气球吹起来，吹得越大，点之间的距离便越远。

---

① 物体朝向视线方向的位移速度。——译者注

正是因为宇宙像气球一样持续膨胀，所以星系会像气球上的点一样彼此远离。

后来，勒梅特进一步发现，星系之间距离越远，视向速度便越快。可以想象一下，假设原来气球上点的间隔是2厘米，气球膨胀后变成4厘米，气球的体积变大了两倍。如果气球上点的间隔是4厘米，气球膨胀两倍后就变成了8厘米。同样的时间，前者只增长了2厘米，后者却增长了4厘米。这样可以看出，两点之间的距离越远，视向速度越快。

这个道理同样适用于宇宙，宇宙像气球一样膨胀，星系视向退行速度与距离成正比，即距离越远，视向速度越大。这就是著名的"哈勃定律"。

勒梅特听闻哈勃提出"哈勃定律"后，便写信给身居英国的老师爱丁顿，信中说道："老师，请您再看一下两年前我发给您的论文，我在论文中通过计算证明了星系相互远离，同时计算出了视向速度。"爱丁顿拿出了放在抽屉中的论文。在那篇论文中，他的学生在哈勃定律提出的两年前便发现了宇宙膨胀的现象。爱丁顿非常后悔当时没有仔细阅读学生的论文就把它放在了抽屉里。如果不是这样，也许公布于世的就不是"哈勃定律"，而是"勒梅特定律"了。

没有昨天的那一天

虽然勒梅特和哈勃证明了宇宙膨胀论是正确的，但仍留下了许多谜题。勒梅特曾经问过自己，宇宙在膨胀之前是个什么样子呢？从现在往前追溯，宇宙只会变得越来越小。

勒梅特将宇宙的初始状态称为"原始原子"，认为原始原子是集宇宙所有物质质量于一身的球体，温度极高。他还将原始原子称为"宇宙蛋"，认为这个"蛋"曾瞬间发生爆炸，继而产生了宇宙。

1931年，勒梅特在著名科技杂志《自然》上发表文章称，"宇宙诞生以后，才有了时间和空间的概念"。时间与空间诞生时，"没有昨天的那一天"便开始了。宇宙出现之前，时空中不可能有"昨天"这一概念。伴随着大爆炸，宇宙诞生的那一瞬间才是第一个所谓的"今天"。

勒梅特认为，原始原子集宇宙所有能量于一身，在某一刻承受不了自身的力量发生了爆炸，于是出现了时间、空间以及无数的原子。这些原子聚在一起形成了星星。

1933年，勒梅特参加了在美国帕萨迪纳举行的学术研讨会。在爱因斯坦等众多科学家面前，勒梅特发表了自己的大爆炸理论。他认为，"小的原始原子大爆炸后形成了宇宙"。在勒梅特的发言结束后，爱因斯坦由衷地称赞他说："这是我所听过的最美丽、最令人满意的理论说明。"

虽然勒梅特并没有直接使用"大爆炸"这个词，但他在众多权威科学家面前，第一次公开宣称宇宙是伴随着大爆炸而诞生的，因此他的理论可以看作是"大爆炸宇宙论"的开端。

大爆炸和黑洞

前文中讲过，在勒梅特之前还有一位科学家支持宇宙膨胀说，他便是弗里德曼。接下来，向大家介绍弗里德曼的一位出色的学生——乔治·伽莫夫。

伽莫夫出生于乌克兰，年轻时就读于列宁格勒大学，跟随弗里德曼学习物理学。之后他漂洋过海来到美国，继续从事研究工作，其间接触到了勒梅特的大爆炸宇宙论。他认为原始原子的温度非常高，只有这样才能使氢等元素发生核聚变反应，产生新的物质。

伽莫夫整理了自己的研究结果，认为宇宙最初开始于高温高密度的原始物质，突然爆炸后膨胀形成宇宙。在宇宙诞生后的一秒内，其温度高达100亿度，这时产生的氢和氦成为形成宇宙的基本物质。

寻找"婴儿宇宙"

如果宇宙是伴随大爆炸诞生的，那现在还能找到它诞生之初留下的痕迹吗？美国物理学家拉尔夫·阿尔菲（Ralph Alpher）和罗伯特·赫尔曼（Robert Hermann）在老师伽莫夫的指导下，努力研究初期宇宙留下的痕迹。根据勒梅特的理论推断，宇宙在大爆炸后一直膨胀至今，即便最初爆炸时只有微弱的光，也应该存留在宇宙中，这就意味着人类可以找到"婴儿宇宙"的痕迹。阿尔菲和赫尔曼推测大爆炸留下的余温为零下268度，并且称其为"宇宙微波背景辐射"。

最初发现宇宙微波背景辐射的人是美国物理学家阿诺·彭齐亚斯（Arno Penzias）和罗伯特·威尔逊（Robert Wilson）。1964年的某一天，他们发现探测器发出吱吱的杂音，以为这是探测器出了毛病发生的噪音，于是费了好大力气修理探测器。为了降低噪音，他们甚至清除了探测器天线上的鸟粪。然而无论怎么努力，他们依然无法消除噪音。其实，这便是最初宇宙大爆炸后遗留下来的宇宙微波背景辐射产生的噪声。这意味着，直到138亿年后的今天，人类还能隐约听到宇宙诞生时爆发的巨响。或者说，138亿年前宇宙大爆炸产生的一束

光，现在来到了地球。

大家听过电视换台时闪过的"嗞嗞"声吧，这其中一部分原因是天线捕捉到了宇宙爆炸产生的光发出的声音。在我们通话时听到的杂音中，也有来自138亿年前大爆炸后弥漫在宇宙中的微波噪声。只要宇宙不消失，大爆炸留下的微波背景辐射就会一直存在，虽然它会渐渐地变得模糊起来。

宇宙爆炸时射出的光波直到现在还存在着，并以一种微弱的微波噪声的形式被天线捕捉，这为宇宙从一个点爆炸后持续膨胀至今的理论提供了证据。（天线捕捉到的光线变成人们听到的噪音，这一事实只要学习了电磁波的相关知识便会明白，因为太过复杂，在这里就不过多介绍了。）现在的大部分科学家都接受了"大爆炸宇宙论"。

但是，依然有科学家反对宇宙从一个点爆炸后持续膨胀至今的说法，认为宇宙伴随着大爆炸而诞生完全是无稽之谈。英国的物理学家弗雷德·霍伊尔（Sir Fred Hoyle）就持有这种观点。他曾在BBC的一次广播节目中嘲笑说："如此说来，宇宙诞生可以说是一次大爆炸[①]了？"此后"大爆炸"一词被广泛使用。如此说来，竟然是"大爆炸宇宙论"的反对者给这一理论命了名，实属一桩趣闻。

---

① 霍伊尔使用英文"大爆炸（bigbang）"一词，本意是想嘲笑大爆炸模型，但由于形象贴切，却意外成为命名这一理论的人。——译者注

预测黑洞

科学家在发现了宇宙微波背景辐射之后，更加相信宇宙正在逐渐膨胀。勒梅特首次提出了宇宙大爆炸假说，这对证明宇宙膨胀说起到了至关重要的作用。不仅如此，他还对现代宇宙学的发展做出了其他的贡献。

勒梅特重新推算了爱因斯坦的重力场方程式，这让后世的科学家认为宇宙空间中存在黑洞。黑洞是引力极其强大的天体，可以吸收一切物质，即使光也无法逃脱。因为什么都看不到，就像一个黑色的洞，

彭齐亚斯和威尔逊正在察看贝尔实验室的喇叭天线

故被命名为"黑洞"。如果地球受到来自黑洞的强大吸引力，就会被吸入黑洞，变成直径9毫米的球。大家可以想象一下，这该是多么强大的力量，竟然能把整个地球扯碎吞没。

勒梅特在重新推算了爱因斯坦的方程式之后，又计算出了宇宙膨胀的速度。他推测，在某种未知力量的作用下，宇宙的膨胀速度正变得越来越快。目前，科学家正在积极探索这种神秘的力量。

宇宙膨胀的暗能量

　　宇宙的膨胀速度正变得越来越快，人们对此非常吃惊。在此之前，大部分科学家相信，宇宙的膨胀速度会越来越慢。1988年，亚当·里斯（Adam Guy Riess）和布莱恩·施密特（Brian Paul Schmidt）通过对超新星的观察发现，这一结论是错误的。

　　超新星爆发是某些恒星在"寿命"将尽时，发生爆炸并释放出极其明亮的光。就像枫叶在凋零前变成黄红相间的颜色，以极为绚烂的方式走完生命的最后一段旅程一样，星星也会在消失前释放出自己所有的光亮。超新星极其明亮，即便距离很远也很醒目，因此人们将其称为"宇宙灯塔"。

　　超新星释放出的光亮能够照亮整个银河系，因此人们通过超新星的距离来判断它远离地球的速度。如果宇宙的膨胀速度变快，超新星远离的速度也会变快。观测的结果出乎人们的预料。很多人猜测宇宙的膨胀速度正变得越来越慢，但事实正好相反。宇宙像烤箱里的面包一样，正在以越来越快的速度膨胀。银河和恒星就像面包里的葡萄干一样，面包膨胀地越来越快，葡萄干就会越来越快地彼此远离。亚当·里斯和布莱恩·施密特对这一现象充满了好奇。

　　宇宙中无数的恒星和银河系之间存在着相互的吸引力，如果吸引力比现在稍微大一点，恒星和银河系之间的距离就会缩小，直至相互碰撞。那样宇宙不仅不会膨胀，还会逐渐缩小。宇宙之所以以越来越快的速度膨胀，是因为存在比引力更强大且与引力方向相反的作用力。亚当·里斯和布莱恩·施密特认为，正是这股未知的力量使得宇宙膨胀，导致了星系之间越来越快地相互远离。

　　科学家将这股与引力相反的力量称之为"暗能量"，这里的"暗"不代表"黑暗"，而是"捉摸不透"的意思。本来可以将其称为"未知能量"，科学家们却赋予了它"暗能量"这一意味深长的名称。通过计算得出，暗能量占整个宇宙总质量的74%左右。

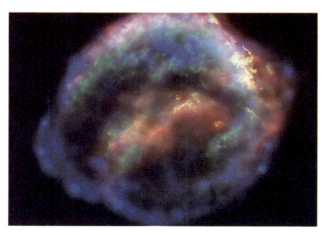

开普勒超新星SN1604的残骸

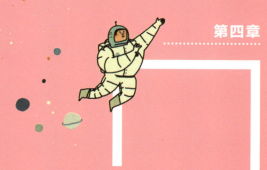

第四章

宇宙的诞生

梦想成为拳击选手的少年

　　1889年，爱德文·哈勃出生于美国。哈勃的爷爷对天文学非常感兴趣，哈勃从小就跟着爷爷学习观测夜空的方法，进而也喜欢上了研究天体。上了高中之后，哈勃将自己观察行星的所得记录下来，并将记录整理成文章发表在当地的报纸上。一位老师读了他写的文章后，称赞哈勃前途无量，定会在天文学上大有所为。那位老师可谓是慧眼识珠，当时的翩翩少年正是日后创造了天文学历史的伟大人物。

　　除了梦想成为一名天文学家，哈勃的另一个梦想是成为一名拳击选手——一记重拳就将对手打倒在地，夺得冠军，帅气十足。哈勃一直努力练习拳击，也积攒了一定的实力，父母却希望他成为一名律师。

从律师发展成天文学家

哈 勃

哈勃听从父母的意见，从大学起开始学习法律，同时也不忘儿时就喜欢的天文学的学习。哈勃学习非常刻苦，获得奖学金去英国留学，最终成为一名律师。然而随着时间的流逝，他更想成为一名天文学家。

做了不到两年的律师，哈勃便下定决心重新学习天文学。哈勃认为天文学研究中最重要的就是正确的观测，当时威尔逊山天文台具备最好的望远镜设备，于是他便想去那里做研究工作。1919年8月，拿到天文学博士学位的哈勃如愿以偿，他终于可以尽情地使用威尔逊山天文台的望远镜了，然而沙普利却比他先一步来到了这里。

宇宙大辩论

沙普利以参与了宇宙大小的大辩论闻名，主张银河系就是整个宇宙。但是，天文学家柯蒂斯（Curtis）认为，银河系只是众多星系中的

一个。为此，当时最杰出的两位天文学家展开了旗鼓相当的论战。其他天文学家也以两人的观点为中心，分成两个阵营展开激烈的辩论。这场辩论被称为天文学史上著名的"大辩论"。

早在1755年，哲学家康德就提出了与沙普利不同的意见。遥远的夜空中依稀浮现着云朵形状的星群，康德认为那是银河系之外的其他星系。但就像当初哥白尼提出日心说一样，人们并不相信康德的说法，依然相信银河系就是整个宇宙。人们根本无法想象，宇宙中除了银河系，还会有其他星系的存在。

沙普利的想法也和多数人的一样。"夜空中云朵形状的星群是另一个星系？到底是多远的距离，才会让星系看上去这么小？"沙普利以仙女座星系为目标做了计算，结果显示它距离地球有10亿光年①的距离。虽然这不是准确的数字，但囿于当时天文学研究的水平，它已经是一个令人不敢想象的数值。因此，沙普利认为银河系之外没有其他星系，与之相悖的观点都是无稽之谈。

① 光在宇宙中以每秒30万千米的速度传播了一年时间所经过的距离。——原书注

成为宇宙观测之王

哈勃想搞清楚沙普利的主张是否正确，因此在沙普利离开后，他仍坚守在威尔逊山天文台，继续自己的研究工作。

虽然哈勃遵从父母的意愿放弃了成为拳击选手的梦想，但仍保留着永不放弃的搏击精神。当他独自一人长时间地观测星空时，需要的正是这种执着精神。在位于山顶的天文台上，哈勃经常彻夜不眠不休，只身盯着望远镜，那些日子真是异常艰苦。几年下来观测不到想要的结果，一般人都会就此放弃，但哈勃却坚持了下来。梦想成为冠军的拳击选手会一刻不停地练习，哈勃也是如此，日复一日观察着星空，一年、两年、三年……

勒维特的发现

哈勃认为，首先应该弄清楚地球与仙女座星系之间的距离。要想知道星星的距离，首先要知道星星的亮度，即星等。[①]

星等分为绝对星等和目视星等，在天文学上通过两者的差异来计算星星之间的距离。

目视星等是指我们用肉眼所看到的星等，它与星星到地球的实际距离有关。即使星星本身很亮，如果它离地球很远，看上去也会晦暗不明。绝对星等代表着星星的实际亮度，与肉眼所看到的目视星等不同。绝对星等的确定虽然有计算方法，但测定遥远的恒星与地球之间的距离比较麻烦，这就需要造父变星的帮忙。

前面简单介绍过变星，它是亮度变化的恒星，时明时暗是因为恒星变老了。就像人们变老后身体会渐渐没有了气力一样，星星变老后也会能量不足，不再像年轻时那样一直保持旺盛的燃烧状态。变星熄灭后再次燃烧，循环往复，就像老化的灯泡一样闪烁不停。

造父变星按照一定的光变周期有规律地改变着亮度。"我虽然老了，但也不能生活得没有规律！""饮食起居"都很有规律的造父变星

---

① 天文学上对星星明暗程度的一种表示方法。星等值越小，星星就越亮；星等的数值越大，星星就越暗。——译者注

老爷爷说。亨丽爱塔·勒维特（Henrietta Swan Leavitt）计算了造父变星的光变周期后，发现了它的周光关系，即造父变星的光变周期和绝对星等之间的关系。勒维特在美国天文台工作，是一位女天文学家，负责对拍摄的照相底片进行测量和分类。19世纪末期，也就是勒维特生活的那个时代，女性还不被允许在天文台使用望远镜观测星空。因此她只能在山下的研究所对拍摄的照片进行整理。勒维特并无怨言，她像哈勃一样拥有顽强的意志，因为她热爱星星。勒维特仔细分析了2000多张变星的照片，找到了100多个造父变星，发现了造父变星的光变周期和绝对星等之间的关系，并将其整理成了公式。

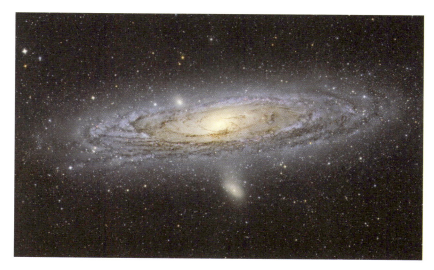

仙女座星系

勒维特

套用勒维特的公式可以算出极为遥远的星体的绝对星等，即只需要测定星星的光变周期，再套入勒维特的公式就可以计算得出结果。如果星星本身发出的光很亮，但人类看上去的光却很微弱，这说明那颗星星与地球相距很远。勒维特的公式不仅可以计算出星体的绝对星等，对计算星体之间的距离也起到了帮助作用。

真正的胜者

不知不觉，哈勃来到威尔逊山天文台已经四年了。他每天晚上用100英寸的望远镜观察夜空，同时要与寒冷的天气作斗争。几年下来，虽然拍摄的照片有数千张，哈勃却一直没能得到想要的结果。

哈勃就像一名拳击手，而天文台就像他的拳击场，他在天文台里苦苦支撑，劳累时也曾想过放弃，但为了实现冠军的梦想，他坚持到了最后。由于挚爱着天文观测事业，哈勃经常熬夜，日复一日不知疲倦地工作着。

有一天，哈勃正在观测仙女座星系。那天夜空的状态非常不好。他在筛选望远镜拍摄的照片时发现上面有一个斑点，但不能确定那是镜头或胶片上粘的污渍，还是一颗新发现的星星。强烈的好奇心让他重新回到望远镜前，继续对这个斑点一探究竟。

哈勃又拍了一张仙女座星系的照片。照片上的斑点不仅还在，周围还出现了几颗星星。哈勃意识到，这几颗星星中有一颗一定就是造父变星。这时他的脑海里突然浮现起了勒维特的公式，这让哈勃高兴地欢呼起来。只要测定出造父变星的光变周期，就可以计算出这颗造父变星的绝对星等了。如果这颗造父变星看上去比它的绝对星等应该显示的光线更加微弱，就可以证明包括这颗恒星在内的仙女座星系在距离银河系很远的地方。

哈勃观测整理了这颗造父变星的光变周期，计算出了银河系到仙女座星系的距离大概是90万光年（通过现代最尖端设备测定的结果是250万光年）。

威尔逊山天文台

89

沙普利曾测定出银河系的直径长约10万光年，由此可以确定仙女座星系离银河系非常遥远。

1924年，哈勃将自己的观测结果公布于世。沙普利承认了自己的主张是错误的，宇宙中不只有银河系。在围绕宇宙大小而展开的这场辩论中，哈勃成为最终的胜出者。

青年时期的哈勃因为喜欢观察星星，放弃了律师一职来到天文台，通过多年坚持不懈的守望，证明了宇宙中存在许多星系，让人类对宇宙有了更多的了解。

下一个挑战

哈勃通过研究仙女座星系取得了大辩论的胜利，但他并没有满足于胜利的喜悦，而是像对冠军充满渴望的拳击手一样，紧接着投身到下一场战斗中。哈勃提出了一个疑问：宇宙是不断变化的，还是永恒不变的？

对于这个问题，有的科学家认为，宇宙没有发生膨胀，自始至终都是一个样子，这种观点被称为"稳恒态宇宙学"。稳恒态宇宙学的代表人物是英国天文学家弗雷德·霍伊尔。爱因斯坦早期也支持这一学说。

还有的科学家认为，宇宙是由很小的原始原子爆炸形成的，并且一直在膨胀，这种观点被称为"宇宙膨胀说"。勒梅特重新计算了爱因斯坦的方程式，证明了这一主张是正确的。勒梅特拥有出色的数学能力，即便没有观测星空，仅凭计算依然能够得出宇宙膨胀的结论。他还发表了有关宇宙膨胀导致星系彼此远离的论文，却没有引起学者们的关注。宇宙膨胀说自诞生就受到了冷落，在天文学界岌岌可危。

哈勃发现了仙女座星系后，紧接着就全身心投入到新的研究中。首先他对宇宙中的众多星系进行观察，并将其分类。他根据星系的形状将其分为椭圆星系、透镜状星系和漩涡星系等，这个分类标准沿用至今。

在进行星系观测时，哈勃经常会想起1912年美国天文学家斯里弗（Vesto Melvin Slipher）在洛厄尔天文台发表的观测结果。斯里弗系统地观测了漩涡星系，发现了宇宙中银河外星系正在远离地球的现象，首次提出了支持宇宙膨胀说的证据。当时的科学家还不知道宇宙中存在着很多星系，因此斯里弗只是提出了星群正在远离地球。这种观点与主张宇宙永恒不变的稳恒态宇宙学是相悖的。

成为宇宙观测之王

1925年，勒梅特来到威尔逊山天文台拜访哈勃，后世没有留下两人的交谈记录，但可以想见，两位优秀的天文学家就各自的理论和观测结果进行了交流。当时的勒梅特已经通过推算爱因斯坦的相对论得出了宇宙膨胀的结论，也许是结合了哈勃的观测资料来交流自己的想法吧。如果勒梅特主张的宇宙膨胀理论是正确的，那么星体就会彼此远离。

在此之前，斯里弗已经提供了支持这一理论的观测资料，哈勃决定对此进行深入研究。他和一同共事的天文学家赫马森（Milt Humason）决定一起对24个星体进行仔细观测。

赫马森本来是个拉着骡子给天文台运送物品的人。因为那时的天文台又高又陡，车辆无法通行。运送物品的赫马森渐渐地对星空观测产生了兴趣，经常跟在比自己大两岁的哈勃身后问东问西。不知何时起，赫马森自学了天文学知识，而且凭借自己的手艺修好了天文台的设备，受到了大家的交口称赞。

有一天，天文台的一名研究员突然生病，不能完成例行的观测工作。哈勃不想错过观测夜空的每一次机会，于是拜托赫马森帮忙拍下天文望远镜的观测照片。

赫马森拍的银河光谱照片令哈勃大吃一惊，这些照片比所有研究员拍的照片都清晰。赫马森非常清楚如何正确地观测夜空，并且知道如何将最需要的景象拍摄下来。哈勃以为赫马森只是对天文观测感兴

趣，却没想到他竟拥有如此出色的实力，于是立刻聘用他作为自己的助手。之后，赫马森正式成为一名天文学家，并发现了以自己名字命名的赫马森彗星，对哈勃的研究工作帮助很大。

赫马森

哈勃自从有了这位出色的助手后，能更加准确地观测到远处星体发出的光。观测的结果使他坚信，那些距离银河系遥远的星系正在以更快的速度远离银河系。1929年，他将这一理论整理为"哈勃定律"发表，对稳恒态宇宙学说造成了有力的冲击。

1931年，哈勃邀请爱因斯坦来到威尔逊山天文台，向他展示了可以证明星系正在远离地球的观测资料。爱因斯坦仔细地阅读了这些研究资料，发现自己认为宇宙永恒不变的观点是错误的，并向前来采访的记者承认了宇宙膨胀说的正确性。虽然两年前勒梅特就提出了宇宙膨胀理论，但直至有了明确的观测结果，其理论才得以重放光辉。

通过哈勃堆积如山的观测资料，人类终于知道了宇宙中存在着许多星系以及宇宙正在膨胀等事实。哈勃向人类展现了天文观测的重要和伟大，是一名优秀的科学家；同时他也给论争对手有力的一击，是名副其实的冠军"拳王"。

星系的种类

哈勃观察了无数星系后，根据形状将星系分成以下几种。

椭圆星系

形状为圆形或椭圆形。

透镜状星系

中间部分的形状像上下隆起的薄透镜。

正常旋涡星系

圆圆的"身体"上长着螺线形的"胳膊","胳膊"不断旋转伸展。

棒旋星系

圆圆的"身体"上长着末端弯曲的"胳膊","胳膊"不断伸展。

不规则星系

没有固定外形，外形不规则。

宇宙的进化史

滚烫的宇宙汤

世界诞生前宇宙曾空无一物，一定很难想象是什么样子吧？既没有时间也没有光该是什么样子呢？也许正是因为想不出来，人们对此各执一词。有些科学家认为世界诞生前宇宙中存在"量子"，量子是肉眼看不到的物质和力量，是能量的最小单位。量子突然变成物质颗粒又突然回到能量状态，如此循环往复。

宇宙诞生之前，量子像泡沫一样，出现又消失。奇异的量子现象也会出现在我们身边，但是只存在于肉眼看不到的世界中，因此我们观察不到。量子的状态到底是由什么决定的？对此，现代量子物理学家正在不断追寻。

偶然诞生的宇宙

量子物理学家认为世界诞生于量子突变的那一刻，偶然出现的量子拒绝回到一无所有的原始状态，于是开始膨胀。科学家们推测由于量子膨胀的力量非常强大，以致宇宙在诞生的一瞬间就膨胀到难以想象的程度。

对于主张"宇宙诞生于偶然"的量子理论，爱因斯坦并不赞同。他认为，在尚不清楚原因和结果的情况下就说宇宙是偶然诞生的，这种理论算不上是真正的科学。但是，爱因斯坦反对的量子理论，在20世纪的高新技术领域里得到蓬勃发展。

如今广泛应用的许多技术均基于量子理论。例如计算机存储和计算所需的半导体，发出强烈光线的激光，能制造出比钻石还坚硬物质的纳米技术等。韩国某电信公司正在开发量子密码芯片。芯片一旦研制成功，人类就能借助量子难以预测的特征，赋予芯片强大的安全性能，使得黑客无法入侵。

强烈的热爆炸

世界诞生前，宇宙就像煮沸的热汤。作为宇宙的种子，量子像泡沫一样出现又消失，循环往复。然而其中的一个量子再也不想消失，于是膨胀，引起了大爆炸。

大爆炸爆发1/100秒后的宇宙空间，温度已极速升高，到处都充满了高能量。这种高能量有可能转化成物质。爱因斯坦将这一过程总结为举世瞩目的质能方程$E = mc^2$，即物质粒子可转化成的能量（E）大小是自身质量（m）与光速（c）二次方的乘积。

一般物质构成的最小单位是原子。若想产生原子，则需要比其更小的颗粒聚在一起，如电子或质子等。然而宇宙温度太高，所有东西都混在一起，就像滚烫的热汤一样。由于温度太高，它们只能各自蹦蹦跳跳地相互碰撞。

大爆炸过去3分钟左右，宇宙仍在膨胀，但已开始逐渐冷却。能量不再转化为物质，跳跃的物质颗粒也逐渐稳定下来。在此之前这些颗粒只是一味地跳跃、碰撞，如今在相互引力的作用下结合，然后产生出氢原子。氢原子相互结合在一起时，氦原子就出现了。现在我们身体和宇宙中的氢原子和氦原子便是起源于那个时候的。

"婴儿宇宙"的痕迹

在氢原子出现之前，宇宙是滚烫的流质，就像道路上布满了浓雾，

看不清前方。跳跃的物质颗粒阻挡了光线，因此我们观察不到射出的光。氢原子出现之后，物质颗粒相互聚拢，便腾出了空间使得光线照射出来，从此宇宙开始变晴。

1948年，拉尔夫·阿尔菲和罗伯特·赫尔曼推测，在宇宙诞生的38万年后，光开始在宇宙中扩散。他们认为，如果宇宙是持续膨胀的，即便宇宙大爆炸时只有微弱的光，那些光也会在当今宇宙中留有痕迹。他们将这些光留下的热辐射称为"宇宙微波背景辐射"。

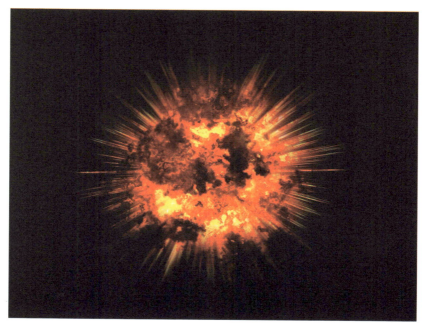

大爆炸假想

　　　　　　　　　第五章　宇宙的进化史

1964年美国物理学家彭齐亚斯和威尔逊偶然发现了来自宇宙四面八方的噪音，他们认为这些噪音便是"婴儿"时期的宇宙留下的痕迹。这为宇宙诞生于大爆炸且不断膨胀至今的理论提供了证据。

　　彭齐亚斯和威尔逊发现了宇宙微波背景辐射，为人类研究宇宙诞生做出了巨大的贡献，获得了诺贝尔物理学奖。然而最开始提出宇宙微波背景辐射的阿尔菲和赫尔曼却没有获得任何奖项。无论提出多么珍贵的理论，若无实验和观测数据支撑，便很难得到人们的认可。

长大的宇宙

为了更加准确地观察宇宙微波背景辐射，1989年，美国国家航空航天局（NASA）发射了宇宙背景探测者卫星，又称COBE（Cosmic Background Explorer）卫星。卫星升空一年后，科学家们对COBE卫星在太空中所拍摄的照片做了细致的研讨，更加确信宇宙大爆炸时产生的光至今还遗留在宇宙中。

COBE卫星还发现了一个惊人的事实。科学家在同时测量来自各个方向的宇宙微波背景辐射后发现，它们之间存在极其细小的温度差，这种差异在十万分之一左右。如果不用高科技卫星而仅通过天文台的望远镜，是绝对无法探测到这个事实的。

宇宙蛋

科学家根据COBE卫星的观测资料，用计算机绘制出了初期宇宙的模型。换句话说，科学家们是根据宇宙在诞生38万年后射出的光，绘制了宇宙的肖像图。科学家们计算得出，现在的宇宙年龄是138亿岁。可以说，38万年的宇宙和新生儿差不多。

根据38万年时的宇宙射出的宇宙微波背景辐射可以知道，当时的宇宙既有密度大、温度高的地方，又有密度小、温度低的地方。因此科学家们在绘制宇宙图像时使用了两种颜色，就像下图一样，布满了色彩斑驳的花纹。图像的形状就像横着的鸡蛋，故称其为"宇宙蛋"。

38万年后，宇宙中渐渐出现了星星和银河，宇宙开始不断成长。就像图中展示的那样，宇宙蛋由红色部分

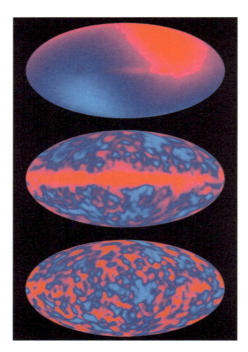

宇宙蛋

和蓝色部分构成，红色部分温度稍高。温度高代表着许多物质聚集在一起不断运动，因此密度也大。虽然只有十万分之一左右的微小差异，但密度越大，万有引力就越大，更大的引力就会吸引更多的物质。物质不断聚集，到引力不能承受的时候，就会四处分散。

在这个过程中，分散的物质在密度大的地方会被吸引成团，这些物质团的形状就像巨大的云朵，漂浮在宇宙空间里。物质团中间是抱在一起的氢元素。这些氢元素会吸引更多的物质，物质团逐渐变大，最终变成了星星。就这样，宇宙中有了星星，一颗、两颗……它们发出闪烁的星光。宇宙不再是黑暗无边，它终于迎来了光明。

最早的星系

无数的星星聚在一起，就形成了星系。使用世界上最先进望远镜观测的结果显示，大爆炸后宇宙诞生，又过了约8亿年，最早的星系诞生了。

早期的星系比现在地球所属的银河系要小得多。若用哈勃望远镜观测125亿光年前的星系，会发现它们的大小是现在银河系大小的1/25。在这些早期的星系中，无数星星诞生并慢慢长大。早期的星系相互碰撞、融合，体积也在不断增大。

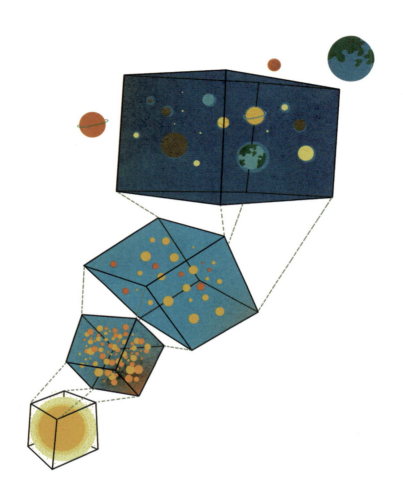

宇宙诞生100亿年左右，星系开始逐渐形成各自稳定的形态。宇宙继续膨胀，星系间的距离也继续拉大。

最初，科学家们认为宇宙的膨胀速度会逐渐变慢。这是因为，星系之间存在着相互的吸引力，在引力的作用下，宇宙的膨胀速度会被抑制，只能越来越慢。然而通过宇宙卫星观测到的结果却与科学家的预测相反——宇宙正在以越来越快的速度膨胀。那么到底是什么力量克服了天体之间的引力呢？这股使宇宙不断膨胀的力量成为科学家们新的研究对象。

　　　　　　　第五章　宇宙的进化史

一出生就夭折的星星

　　宇宙大爆炸时所有能量都汇集于一点，勒梅特将其称为"原始原子"。因为爆炸时的温度极高，整个宇宙就像水沸腾后蒸气弥漫的样子，雾蒙蒙的。基本粒子聚在一起形成小物质颗粒，小物质颗粒混合在一起，宇宙就像一碗煮沸的汤。

　　原始原子在大爆炸时开始膨胀，并以无法想象的速度突然变大。宇宙在大爆炸后温度开始逐渐下降。就像水蒸气在温度下降后变成了水，水在温度下降后变成了冰，宇宙也会发生类似的变化。就像水蒸气最终形成了冰块一样，"煮沸的宇宙汤"温度下降，最终形成了一个个的小物质颗粒。

所有物质都有质量，因此也都具有重力。物质质量越大，重力便越大；重力越大，对周围物质的吸引力便越大。宇宙中的小物质颗粒都经过了这样的过程，其中最先产生的小物质颗粒便是氢原子。

从原恒星到红巨星

曾经空无一物的宇宙首先出现了氢原子，氢原子之间相互吸引，两两成对变成了氢分子。氢分子具有更强的引力，相互吸引结合，像云朵一样一团团地漂浮在宇宙中。氢分子聚集得越多，引力越强，就会吸引周围更多的氢分子，反之，聚积得越少，引力越小。

越来越多的氢分子聚集在一起形成能量团，远远望过去就像云一样，那就是星际云。在靠近星际云中心的地方，就会发现密度较大的氢分子能量团。这些能量团慢慢长大，成了宇宙中最初的星星，这些星星被称为"原恒星"。

越接近星星的中心，氢分子就会越紧凑地聚集在一起，氢分子之间的作用力就越大。作用力越大，氢分子就能获得越多的能量，变得更加活跃，星星中心的温度就会升高。当温度升高到几百万度时，氢原子就会相互结合形成新的物质——氦。

星体中的氢原子相互结合形成氦元素时，就会产生能量。观星者

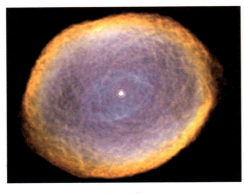

红巨星

之所以能够看到远处的星星闪烁，是因为星体内部的能量以光的形式向外辐射。太阳之所以会发光也是因为这样。

随着星星中心部位温度升高，就会有越来越多的氢元素燃烧，氢全部烧尽后，只留下了氦元素。然而这时，星星的外层还留有氢元素，外层的氢元素继续燃烧，星星就会在膨胀的同时发出红色的光。这时的星星被人们称为"红巨星"。这种极为明亮的红色正是红巨星衰亡之前最后的灿烂。

科学家们认为，普照地球的太阳在50亿年之后也会成为一颗红巨星。那时太阳会极度膨胀，燃烧的火焰会吞噬水星和金星，甚至会影响到地球。

白矮星

印度天文学家苏布拉马尼扬·钱德拉塞卡以预测星星的未来而出名。他非常喜欢数学。19岁乘船赴英国留学的途中，即使在船舱里，他也在一刻不停地研究计算。根据相对论，他推断出并不是所有星星都会变成"白矮星"。所谓"白矮星"，就是这么一类恒星，它们在燃烧到一定程度后，温度便不会再上升。因为星体自身质量小，所以支撑其燃烧的能量有限。燃料不足的恒星就像燃尽的柴火一样，最终会变成白色的灰烬，所以叫作"白矮星"。根据钱德拉塞卡的计算结果，如果恒星的质量是太阳质量的1.44倍以上，那么这颗恒星就不会变成白矮星。

"矮星"的意思就是"体积小的恒星"。俗话说，"人不可貌相，海水不可斗量"，白矮星虽然体积很小，但是质量不小。白矮星和地球差不多大小，质量却相当于半个太阳，是一颗引力很大的恒星。

在白矮星冷却并即将完全消失于黑暗之前，它会最后一次展示自己强大的力量。为了最后的华丽谢幕，它会接受周围星星的帮助，利用自身强大的引力将大体积的星星吸引过来，使其依附到自己的表面。

当白矮星吸收来的物质质量到达1.44个太阳质量的时候，便会发生猛烈的爆炸。爆炸后的恒星射出耀眼的光芒，这种光芒通常能够照亮整个星系，几周甚至几个月后才会逐渐衰

白矮星

减。经历剧烈爆炸的恒星这时有了一个新的名字——超新星。

从超新星到黑洞

质量超过太阳三倍的红巨星最后也会变成超新星。因为红巨星的引力很大，所以中心部位的氦元素会更加紧密地聚在一起，同时中心压力也会更大，温度也会更高。在这一过程中，氦转化成碳，碳转化成氧、氖、镁，最终变成铁。铁元素非常稳定，不会再转化为其他元素。由于强大的引力会作用到自己身上，星体会变得越来越小。多余的能量再无用武之处，反作用到星体自身，最终导致超新星爆发。爆炸发出的能量巨大，据说，一颗超新星爆炸发出的能量，相当于太阳燃烧了100亿年的能量总和。

超新星爆发的场景绚烂多姿，甚至比画家的画作更令人震撼。爆炸使得恒星中的碳、氧和铁等物质均匀地释放到宇宙空间中。地球上之所以能够诞生生命，很大的原因是超新星爆发提供了生命出现所必需的重要物质。从这个意义上说，我们每个人都是由星星里的物质组成的。

超新星爆发后，不同质量的星星会出现不同的运动轨迹。比太阳稍重的星星上的大部分物质都会分散，只留下中间聚成一团的中

超新星爆发场面

子①。虽然这颗星星的直径仅有10～20千米，但质量却和太阳的质量差不多。

若巨星的质量超过太阳的三倍以上，经过超新星爆发后，星体的大部分物质都会分散，只会留下具有强大引力的核心。核心物质会吸引周围所有的物质，连光都无法逃脱，于是就形成了人类无法直接观测的天体——黑洞。

———————————

① 构成原子核的粒子之一，不带电。——原书注

117

太阳是颗怎样的恒星?

　　太阳是太阳系中唯一的恒星，恒星是一种自己发光、发热的天体。太阳自身发光发热，同时不断地为太阳系中包括地球在内的行星提供光和热，扮演着母亲的角色。地球上的生物之所以能存活下去，也正是有赖于太阳发出的光和热。

　　太阳诞生之前，太阳系只有气体和灰尘。某一天，在这个一无所有的地方发生了某件事情，可能是星系的

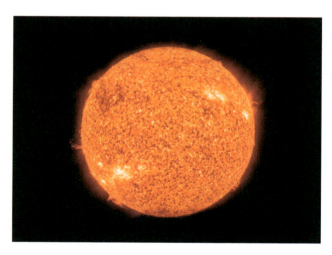

太　阳

相互碰撞，也可能是超新星爆发，总之，因为这件事情导致气体和灰尘更加紧密地聚集在一起，形成了星际云。物质渐渐汇聚到星际云的中心位置，星际云中心压力越来越大，温度也随之升高，这成为恒星诞生并成长的绝佳环境。大约46亿年前，太阳诞生了。科学家预测，太阳的寿命大概有100亿年左右。那么，太阳为什么会发光呢？氢原子在太阳中心发生反应转化为氦原子，这一过程中释放出的能量以光的形式向外辐射出来，这便是太阳发光的原因。我们现在看到的太阳光其实是十几万年前太阳中心产生的光。阳光从太阳表面到达地球，并不需要太多的时间，8分钟的时间就够了。但是，太阳本来就是一颗很大的星星，光从太阳内部深处产生，一路跌跌撞撞到达太阳表面，却需要数十几万年的时间。

与地球相比，太阳的直径是地球的109倍左右，体积是地球的130万倍左右，即一个太阳大概有130万个地球那么大。但从宇宙整体来看，太阳只是一个普通的天体，宇宙中还有很多很多比太阳大得多的巨大天体。

目前，太阳的亮度正以极其缓慢的速度增强，这其中的原因至今人类还没有搞清楚。大约50亿年后，太阳就会膨胀到难以想象的大小，它不仅会吞噬水星和金星，还可能会吞噬地球。那时的人类会怎样呢？也许会利用先进的科技移居到与地球相似的其他星球吧。

宇宙探索

遨游宇宙

遨游宇宙是人类长久以来的梦想，人们看着夜空中像宝石一样闪烁的星星和月亮，无论是谁，都会对那遥远的地方心生向往。天空的那一端究竟是怎样的未知世界呢？是否生存着与我们类似的生命体呢？

很久之前，人们便开始观察夜空，将星星三五成群地连接成星座，并创造出了众多的星座故事。传说，亚洲人的祖先认为，月亮上的斑驳暗影是玉兔正在捣杵的样子，并认为中秋节对着满月许愿，月亮便会帮我们实现愿望。

随着科技不断发展，月亮和星星的奥秘逐渐展现在人们面前。那里并没有美丽传说中的主人公，而是一片遥远神秘的新世界。这更加促使人们去寻求探索宇宙深处奥秘的种种办法。

导弹和火箭

　　火箭的诞生使得宇宙飞行不再是梦。最初研究火箭的目的是制造武器。1200年左右，中国人制造出了射程很远的火弩，火弩和现在火箭的制造原理差不多。火弩的末端绑着火药，火药爆炸，给空气向后的强作用力，火弩就得以向前飞出很远。火药的爆炸力越大，火弩就会飞得越远。

　　20世纪伊始，俄国人齐奥尔科夫斯基提出了一个假设。他认为，

戈达德

若将火弩的原理运用到火箭上，即把装火弩的火药换成液体燃料应用在火箭上，火箭则可以驶离地球，飞向太空。液体燃料的燃烧力量比火药强很多，因此他相信火箭产生的推力可以使火箭摆脱地球的引力。

　　让齐奥尔科夫斯基的设想成为现实的发明家是美国的火箭工程师罗伯

特·戈达德。他在1926年发明了世界上第一枚液体火箭。经过不断发展，火箭在1935年实现了超音速飞行，能够上升到2000米左右的高空。同齐奥尔科夫斯基一样，戈达德也希望火箭能够应用于太空旅行。他甚至写了一篇文章，介绍如何乘坐自己制造的火箭去宇宙旅行，只是他在有生之年没能实现这个愿望。

战争为火箭技术的迅猛发展起到了推动作用。第二次世界大战爆发后，德国为战胜同盟国研发出一种新式武器——V-2导弹。V-2导弹是一种远程攻击武器，它将欧洲多个国家的许多地方变成了一片片废墟。然而，德国科学家并不满足于已有的战果，试图进一步提高导弹的性能，甚至打算用它们攻击6800千米外的美国。但由于美国抢先一步使用了核武器，战争最终以同盟国的胜利告终。

战争结束后，参与V-2导弹开发的几名德国科学家移居去了美国。那时的美国正计划研制登月火箭，需要当时性能最好的V-2导弹的技术，因此决定引进其他国家的科学家，即便他们曾为了攻击美国而制造过武器。

太空旅行梦

然而最先实现太空旅行梦的并不是美国，而是苏联。1957年，苏

联成功发射了人类第一颗人造地球卫星——斯普特尼克 1 号（Sput-nik-1）。斯普特尼克 1 号是一个直径不到 1 米的铝制球状物，它在太空围绕地球旋转，定期向地球发出信号。

得知苏联成功发射人造卫星的消息后，最为之震惊的国家便是美国。美国和苏联是当时世界上最强大的两个国家。第二次世界大战之后，两个国家便一直处于对立状态。苏联研制出能够发射人造卫星的火箭，就意味着它完全有能力短时间制造出攻击美国的导弹。美国不甘落后，倾尽所有力量研发火箭，下定决心向世人展现比苏联强大的一面，并决定在载人航天领域实现突破，领先于世界。

对此，苏联也没有停下脚步，计划实现载人航天。在把人类送进太空之前，他们决定先将其他生命体送入太空。苏联的一只名叫"莱卡"的小狗成为最初进入太空的地球生命体。当然，莱卡并不能亲自操纵宇宙飞船，搭载它的"斯普特尼克 2 号"人造卫星的任务便是将莱卡的体温和脉搏通过与其身体相连的机器传送回来。但当人造卫星离开地球 7 小时后，莱卡的心跳便加快了 3 倍，最终不幸离世。当时的航天技术不够发达，人造卫星的环境还不适合生命体生存。也许是被关在陌生的环境中，单单是巨大的恐惧也足以导致莱卡的死亡。

继莱卡之后，又有其他小狗和动物被送去太空旅行，其中有的动物存活了下来。这说明航天技术正在不断发展。

1961年，苏联的宇航员尤里·加加林成为第一位进入太空的地球人。他乘坐的东方1号宇宙飞船在太空绕地球飞行一周，历时1小时48分钟。加加林是在从太空中观察地球的第一人，他留下了"地球是蓝色的"这一名言。然而，第一艘载人航天飞船的总设计师、苏联科学家科罗廖夫直到1966年离世，都一直不被人们所知。苏联政府担心载人航天飞船的情报泄露出去，因此将科罗廖夫的身份隐藏了。

在载人航天领域的竞争中，美国一时也输给了苏联。1969年，美国终于一雪前耻，美国宇航员阿姆斯特朗和奥尔德林搭乘阿波罗

搭乘斯普特尼克2号的莱卡

11 号宇宙飞船进入太空，在月球上留下了脚印，实现人类首次登月。阿姆斯特朗不仅在月球表面实现了行走，而且将美国国旗插在了月球表面。至此，人类向太空旅行的梦想迈出了一大步。

阿姆斯特朗留在月球表面的足迹

2014 年，谷歌高级副总裁阿兰·尤斯塔斯搭乘高空气球，升到 41000 米的高空，成功完成了超音速跳伞。最近，有私人太空旅游公司计划推出可以帮助人类实现太空旅行的超高速和超大动力的商业火箭。也许在未来的几十年内，人类将迎来太空旅行的时代。

太空站和太空生活

美国成功实现了载人登月后，苏联顿感危机。曾自诩宇宙科学世界第一的苏联，决定开拓美国还不能及的太空事业——在宇宙空间中建造人类生活的太空站。1971 年，苏联发射火箭，将人类历史上首个太空站——"礼炮 1 号"送入太空。

第六章　宇宙探索

"礼炮1号"太空站全长15.8米，重约19吨。它能为宇航员提供休息场所，安装有相机以及与地球通信的设备，还设有卫生间、蓄水箱等生活设施。"礼炮1号"在宇宙落户后，三名苏联宇航员搭乘联盟10号飞船离开地球，打算与"礼炮1号"太空站对接①，进入太空站生活。联盟10号飞船在太空中飞行了5个小时后，成功与"礼炮1号"完成对接。然而，这个人类首创的太空站却没那么容易就能进去。联盟10号和太空站相连的门出现了故障，最终没能打开，于是三名宇航员又原路返回了地球。

但是苏联没有放弃，继续研制了联盟11号飞船。幸运的是，搭乘联盟11号的宇航员成功进入了太空站，并在那儿停留了23天。宇航员对地球进行了观测，并做了简单的实验，向全世界的人们展示了人类是能够在太空中生活的。此后，美国和欧洲也开始建设太空站。1993年，由多国参与的国际空间站合作计划开始实施，美国、德国、法国、加拿大、苏联、日本等国将自己的太空站计划贡献出来，共同参与到国际空间站的建设中来。

计划的实施并非一帆风顺。2003年，执行国际空间站建设任务的哥伦比亚号航天飞机在返回地球的途中解体坠毁，7名宇航员全

---

① 两个或两个以上的航天器在太空中连接在一起。——原书注

部遇难，成为当时震惊世界的航天飞机失事事故。这次事故导致此后的两年间人类都没有再向空间站发射过航天飞机，向国际空间站运送物资的工作也暂时中止了。

经过了长期的讨论，为了人类未来的发展，各国决定重启国际空间站项目。2006年，一度中止的空间站建设工作重启。2010年，空间站完成建造任务转入全面使用阶段。世界上许多国家都派出自己的宇航员在空间站进行宇宙观测和科学实验。

宇宙航行与黑洞

　　虽然目前人类只去过月球，但星际航行正在逐渐变成可能。人类的下一个目的地也许就是火星。尽管水星和金星距离地球更近一些，但由于它们离太阳太近，温度太高，人类几乎不可能对它们实施登陆并进行探测。

　　与它们相比，火星具备适于人类探测的良好条件。无人火星探测器的探测结果显示，火星上存在着冰。虽然没有发现液态的水，只发现了冰，但这也至少能够确定火星上有水源的痕迹。如果有水源，就代表着存在生命体的可能性更大。也许正是出于这个原因，人们称火星为"第二个地球"，甚至还想象出火星人的存在。甚至有一部电影，讲述的就是地球人生活在火星上的故事。

另一个地球

若想寻找存在生命体的行星，首先要判断哪些行星与地球的条件相似。为此，美国国家航空航天局（NASA）将开普勒太空望远镜安装在火箭上，并将其发射到太空中。这台望远镜在宇宙中发现了3500多颗环绕着恒星的行星。

要想知道哪颗行星上存在生命体，首先需要弄清楚两个问题。第一，行星是否围绕着与太阳相似的恒星旋转，是否适当地吸收恒星的光和热。因为只有这样，才可能存在适宜生命体存活的温度。若仅从太阳系来看，水星和金星因为距离太阳太近而温度太高，木星和土星因为距离太阳太远而温度太低，因此它们均不可能存在着生命。第二，行星是否具有与地球相似的质量和大小，是否存在生物生长所需的岩石和土壤。行星的质量和体积既不能比地球大太多，也不能比地球小太多，否则就意味着行星的引力过大或过小，这都不适宜生命体生存。若行星仅由气体组成，那就意味着不存在生命体生活的土地。

美国国家航空航天局决定从太阳系之外寻找与地球相似的行星"地球2.0"。在2015年，他们终于有了一个里程碑式的发现——开普勒-452b。开普勒-452b距地球1400光年，大小是地球的1.6倍。它与地球相似，也以适当的距离围绕着一颗与太阳相似的恒星旋转。地球绕太阳公转一周需要365天，开普勒-452b公转一周需要385天，比地球多20天。由于它与地球有诸多相似之处，开普勒-452b上存在水源的可能性很大。如果真的有水源，就有生命体存活的可能性，说不定还会有与我们相似的外星人。

时空旅行

就算找到了与地球相似的行星，即便飞船以光速到达那里仍需要历经1400年的时光，谁能去那么远的地方呢？在到达那里之前，宇宙飞船里的人就该寿终正寝了。因此科学家提出了"时空旅行"的想法，如果能横穿时间轨道，即使1400光年也可以瞬间到达。

说到时空旅行，就不得不重新提一下爱因斯坦的相对论。相对论探讨了时间与空间的关系，用于解释宇宙穿梭再合适不过。爱因斯坦认为，如果物体的运动速度快到一定程度，时间就会变慢。如果运动速度非常快，时间的流逝速度甚至只有原来速度的1/10，那么本来需要10年的路程，只需要1年就可以到达。相当于只用1年就可以穿越到10年之后。如果速度接近光速，那么地球人不出几年就能到达1400

光年外的"地球2.0"。

引力越大时间越慢，前文中介绍相对论时已经对此做出了解释。这一理论现已应用在我们的生活中。安装在人造卫星中的GPS全球定位系统会向地球发送信号，汽车里的导航通过接收信号为我们规划正确的方向和路线。但GPS定位卫星在距地表2万千米的高空，比地表受到的引力小。因此，即使将手表调到同样的时间，GPS定位卫星所在位置每天都会比地上快0.000045秒。但由于卫星在以一定的速度运动，会让时间的流速稍微变慢。（前面相对论理论介绍过，运动速度越快，时间流逝得越慢。）在这两个因素的作用下，最终GPS定位卫星所在的位置每天比地上快0.000038秒。看上去是微小的差距，但会导致汽车导航系统产生10米左右的偏差。如果在黑夜中跟着这样的导航一直偏离道路，说不定会走到悬崖上。

引力越大时间越慢，在引力大到连光都可以吸入的黑洞中，时间几乎是停止的。如果我们跳入地球附近的黑洞，并从"地球2.0"附近的黑洞重跳出来，1400光年也许只需要几分钟就到了。若想做到这一点，就需要利用强大的引力弯曲空间，将遥远的两个空间相连。

人们对此提出假设，认为可能存在连接两个黑洞的隧道，并称其为"虫洞"。虫洞是"时空虫洞"的简称，意味着它像虫子一样吃掉空间，形成一条捷径。举个简单的例子。翻越高山去另一个城市需要很长时

间，但若在山中打通一条隧道，只需要几分钟就能到达山那边的城市。同理，若利用虫洞这条隧道，人类就可以在时空中随意旅行了。

人们的想象力不仅限于虫洞，还构想出了白洞。白洞可以将通过虫洞的所有物体都吸引到边界上来。要想实现时空旅行，就要从地球附近的黑洞中跳入，经过虫洞，再从"地球2.0旁边"的白洞跳出来。2019年，科学家们发布了世界上第一张关于黑洞的照片，但白洞目前

第六章　宇宙探索

还只存在于人类的想象中。

黑洞，宇宙的开始和结束

人类实现太空旅行所需要的黑洞很小，但一般宇宙中发现的黑洞并不是如此。仅在银河系中心就有半径超过900万千米的超大型黑洞。这样的黑洞会吞噬周围的一切天体，因此又被称作"恒星的坟墓"。

宇宙开始的时候比针尖还要小，集宇宙万物于一点，而后在某一瞬间突然爆炸，开始不断膨胀。从那时起，时间开始流逝，至今经过了约138亿年。目前，宇宙仍在不断膨胀，宇宙中的恒星和银河也正在彼此不断远离。在遥远的未来，宇宙中的空间会越来越多。燃料耗尽的星体无法继续燃烧，质量较大的星体会在超新星爆发后被吸入黑洞。宇宙也许会变成一个只有黑洞的黑暗世界。

如果连黑洞也终将消失，宇宙便会回到大爆炸之前一无所有的状态。如果宇宙中最后一个巨大的黑洞爆炸消失，宇宙中将会充满难以想象的超级能量，那便是黑洞吸收的众多物质所转化的能量。相对论认为，物质可以转化为能量，能量也可以转化为物质。如果这些能量不断集聚而爆炸，或许将会诞生另一个宇宙。

火箭之父——戈达德

为了方便理解火箭的原理，我们可以把火箭想象成一个气球。

如果将吹得鼓鼓的气球拿在手上，松开堵住入口的手，气体会从气球中喷出来，气球会向着与喷气相反的方向飞出去。弹力与喷出的气体产生一个向后的作用力，推动气球向前运动。使物体飞出的，与气体运动方向相反的作用力便是弹力中的"推力"。

被称为"火箭之父"的戈达德就是利用推力制造出了腾空的火箭。他还提出了关于火箭升空的几点认识，其中最具代表性的是下面的两个结论。

戈达德的火箭试验

1. 火箭尾部像竹筒一样的喷管温度很高，气体从狭小的喷管中射出的流量越大，速度越快，火箭升天的速度就越快。

2. 火箭的燃料即便在没有氧气的真空状态中依然可以燃烧，火箭在真空状态下依然可以有推力存在。

除此之外，戈达德对火箭的研制还有着诸多的思考。他提出，如果火箭的燃料全部用尽，则可以抛弃燃料桶以减轻火箭重量，并找出了操作办法。他认为采用这样的方法，火箭就可以带好几桶燃料飞行，便可以飞得更远。如此一来，人类甚至可以做到让火箭一直飞到月球。但当时的一些人认为戈达德整日沉迷于火箭登月，想法荒谬可笑，于是嘲笑戈达德为"月亮人"。

附　录

望远镜的历史

　　很久以前，人类就开始研究如何更准确地观测浩渺的星空。埃及人从六千年前就开始详细地观察和记录星星和月亮的运动轨迹，并以此来制作日历，搞占星术。日历对农业生产起到至关重要的作用，占星术则是占星师根据星星的位置和运动轨迹预测个人和国家福祸的系统。虽然现在占星术被认为是一种迷信，但在古代它却是凝聚民心、巩固政权的重要手段。当时的科学和医学不发达，发生意外、出现疾病时，人们多寻求占星师解决问题。那时的百姓无条件地相信并追随占星师。

　　占星术并不属于科学范畴，但由于它的存在，古代的天文观测技术得以快速发展并达到了惊人的水平。古代的人类即便没有望远镜，依然能够非常准确地用肉眼观测到星星的变化。

天文观测仪器和望远镜

进入中世纪，人们开始利用各种仪器来观测天文现象，例如使用星盘、四分仪和六分仪等仪器来测量星星的高度和位置，更加准确地测算出太阳系行星的运动轨迹。自从人们认识到地球围绕着太阳公转并逐渐接受了日心说，观测天体就不仅是为了获取与占星术有关的信息，还是为了研究天体的运行规律。天文学正式起源于伽利略制造了望远镜。

1608年左右，在荷兰开眼镜店的汉斯·李普希（Hans Lippershey）发明了望远镜。他将两个镜片叠在一起看风景，意外发现远处的物体被放大了，变得更清晰了。他将两个透镜叠在一起放在金属筒中，制成望远镜卖给顾客。远在意大利的伽利略听到这一消息后，将凸透镜和凹透镜叠在一起制成了望远镜，这便是第一台用于观测天体的望远镜。

星　盘

146

伽利略用自己制作的望远镜观测到了月球表面的环形山、太阳黑子以及木星的位置。木星的四个大型卫星——艾奥（Io）、欧罗巴（Europa）、加尼美得（Ganymede）和卡里斯托（Callisto）就是由伽利略首次发现的，于是人们将它们称为"伽利略卫星"。

望远镜的发现

　　1668年，牛顿首次用球面反射镜制造出了反射望远镜，这个望远镜运用了大凹面镜反射光的原理。凹面镜比透镜更容易制作，费用也更低，目前使用的大型望远镜大部分都是反射望远镜。

　　大型望远镜可以通过大型凹面镜和透镜聚集光线，借此看到之前因距离太远或光线太暗而看不到的天体。人们利用大型望远镜了解了更多的宇宙知识。

　　天文学家们也希望用最大、

伽利略望远镜（上）
牛顿式反射望远镜（下）

大麦哲伦望远镜

最精准的望远镜进行天文观测。2015年6月，世界各国决定合力研制超大型望远镜"大麦哲伦望远镜（GMT）"，韩国天文学与空间科学研究院、美国华盛顿卡内基天文台、澳大利亚国立大学等10家机构共同参与了建造工作。

望远镜预计在2029年完工，将在智利阿塔卡马沙漠的拉斯卡姆帕纳斯天文台建成。阿塔卡马沙漠全年几乎不下雨，非常有利于天文观测。再加上沙漠周围没有城市或者工厂，晚上不会因为灯光的妨碍而使天文观测受到影响。据说，大麦哲伦望远镜投入使用后，连类地行星和黑洞周围的光都可以被它捕捉到。

射电望远镜

有些天体距离地球太远，连大型望远镜都看不清楚，这时候就要使用射电望远镜。射电望远镜可以捕捉到天体发出的电波，射电波的强度会显示在记录仪上。射电望远镜包括接收射电波的定向天线、放大射电信号的接收机、信息记录仪器等。它只接收电波，因此不能像光学望远镜①那样能够获得恒星或行星的样子。

阿雷西博天文台的射电望远镜

世界上最大的射电望远镜是位于波多黎各的美国阿雷西博天文台②。阿雷西博天文台的工作人员开采石灰岩后，在深陷的碗形大坑上装上金属网状天线，并在天线下面的土地上铺设金属板，构成了直径达305米的反射镜。

人类目前还无法借助光学望远镜观测到银河系的中心面貌或星体产生的过程。然而，随着射电望远镜性能的逐步提高，这些问题有望得到解决。在收集宇宙大爆炸和黑洞的相关资料方面，射电望远镜也起到了举足轻重的作用。

———————————

① 　上文中提到的反射望远镜，包括大麦哲伦望远镜，都是光学望远镜。——编者注
② 　阿雷西博望远镜是目前世界第二大射电望远镜，位于中国贵州的500米口径球面射电望远镜是世界最大的射电望远镜。——编者注

太空望远镜

　　宇宙中的天体不断释放出各种电磁波，通过这些电磁波可以知道天体的重要信息，然而这些电磁波很难在地球上被探测到。地球周围的大气层阻挡电磁波射入，使其无法到达地球。

　　许多电磁波中对人体有害，因此人类应该感谢大气层的保护。但对于观察宇宙的天文学家来说，大气层却是个极大的障碍物。

　　天文学家努力寻找并最终找到了不受大气阻碍探测电磁波的办法。将安装了望远镜的宇宙飞船送入太空，这样望远镜就不会受到地球大气层的影响，也不会受到人类照明带来的干扰，科学家可以更好

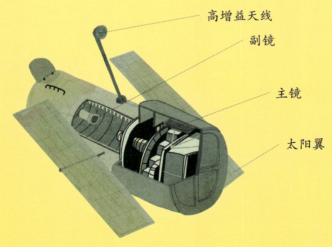

高增益天线

副镜

主镜

太阳翼

哈勃太空望远镜结构图

地观测恒星和行星了。

　　1990年4月24日，哈勃太空望远镜由"发现者号"航天飞机送入太空，成为安置在宇宙空间中的第一个太空望远镜。这个太空望远镜以天文学家哈勃的名字命名，可以说是漂浮在宇宙中的天文台。迄今为止，哈勃太空望远镜经过了多次修理，拍摄到了宇宙中许多令人类惊叹不已的场面。太空不会受到地球大气的阻碍，星光不会模糊，因此哈勃太空望远镜传回的照片非常清楚。它甚至拍下了远处其他星系以及超新星爆发的景象。

　　除了哈勃太空望远镜，宇宙中还有许多太空望远镜，其中最有名的便是用于寻找类地行星的开普勒太空望远镜。它发射于2009年，其视野比哈勃太空望远镜更广阔。它发现了许多个类地行星，其中就包括开普勒-452b行星。这颗行星与地球相似度非常高，又被称为"地球2.0"。

太空中漂浮着的哈勃太空望远镜

宇宙让我看到更大的世界

　　大概是上小学之前，有一天中午，我独自走在空无一人的小巷里。平日里都是和妈妈或朋友一起走，为什么那天只独自一人呢？大概是从朋友家里玩耍，出来后准备回家吧。反正走着走着，就生出了一种世界上只有我自己存在的感觉。

　　突然间，心中萌生了许多问号——到底什么时候有的世界呢？无论谁出生或者死亡，世界始终都是这个样子，那么世界又是怎样"出生"的呢？它不会"死亡"吗？即便我消失了，世界依然是这个样子吗？

　　于是，我抬头看看蔚蓝的天空，问它："你从什么时候开始在那里的呀？你几岁了呀？"

慢慢地我长大了，上学后开始学习科学，知道了世界也有开端，还知道了"宇宙大爆炸理论"。这个理论告诉我，这个世界，也就是宇宙，是由一个点爆炸形成的。

最初人们非常不认同宇宙大爆炸理论，著名天文学家弗雷德·霍伊尔还在广播节目中嘲笑它是无稽之谈。

"如此说来，宇宙诞生可以说是一次大爆炸了？砰的一声？真是荒谬。"

由于说得太过形象，最终竟借用他的"大爆炸"一词命名了这一理论。

爱因斯坦被誉为20世纪最伟大的科学家，大爆炸理论正是立足于他的相对论。比利时的天文学家勒梅特神父在研究相对论的过程中，证明了宇宙是从一个点爆炸形成的。

许多书中都写到，宇宙诞生于爆炸并一直不断膨胀是由哈勃最先证明的，然而勒梅特比哈勃更早一步用数学计算证明了这一理论。目前很多科学家都已经认可了勒梅特对宇宙爆炸理论的贡献。韩国延世大学天文学专业的李石荣教授也曾在演讲中强调宇宙膨胀理论就是勒梅特-哈勃理论。

科学研究强调事实和证据，强调严密的逻辑推理。用什么方法，通过什么客观事实证明了这一理论，在科学研究中是非常重要的。虽然这本书没有就此做更深入的探讨，但我希望至少能够正确地整理出大爆炸理论的这段历史。

根据现在的科学知识，宇宙的年龄为138亿岁，人们并不知道宇宙会"活"到多少岁。但科学家们对宇宙的生长方式提出了许多推测，也弄清了宇宙有多少颗星星，以及这些星星是如何产生又消失的。

我们每一天都非常繁忙，学校、辅导班、家，三点一线。而地球上每一天都会发生许多事情，战争、恐怖袭击、地震、洪水……如果这本书的读者朋友能够在关注地球之余也抬头看一下天际，那我就心满意足了。宇宙走过了138亿载，这亘古常在的宇宙让我们看到了一个更广袤的世界。

作者寄语

图书在版编目（CIP）数据

真好奇，宇宙 /（韩）柳允汉著；（韩）裴重烈绘；孟阳译 . -- 济南：山东人民出版社，2021.8
（科学少年系列）
ISBN 978-7-209-11219-2

Ⅰ . ①真… Ⅱ . ①柳… ②裴… ③孟… Ⅲ . ①宇宙 - 少年读物 Ⅳ . ① P159-49

中国版本图书馆 CIP 数据核字 (2021) 第 130365 号

山东省版权局著作权合同登记号　图字：15-2021-1

真好奇，宇宙
ZHENHAOQI, YUZHOU

〔韩〕柳允汉　著　〔韩〕裴重烈　绘　孟阳　译

主管单位　山东出版传媒股份有限公司
出版发行　山东人民出版社
出 版 人　胡长青
社　　址　济南市英雄山路 165 号
邮　　编　250002
电　　话　总编室（0531）82098914
　　　　　市场部（0531）82098027
网　　址　http://www.sd-book.com.cn
印　　装　济南龙玺印刷有限公司
经　　销　新华书店

规　　格　16 开　（165mm × 210mm）
印　　张　10.25
字　　数　92 千字
版　　次　2021 年 8 月第 1 版
印　　次　2021 年 8 月第 1 次
ISBN 978-7-209-11219-2
定　　价　49.80 元
　　　　　如有印装质量问题，请与出版社总编室联系调换。